高等学校土木建筑专业应用型本科系列规划教材

# 土木工程CAD＋天正建筑基础实例教程

## （第4版）

主　编　赵冰华　喻　骁
副主编　胡爱宇　张　伟

U0379836

东南大学出版社
·南京·

## 内容简介

本书内容分为两篇,共16章。第一篇是AutoCAD 2016中文版辅助绘图软件的相关内容(第1~11章),包括:Auto-CAD 2016基本知识,二维绘图与编辑命令,图层与图案填充,文字与表格,尺寸标注与图块,各种土木工程专业图样绘制(结构施工图、道路施工图)以及图形的打印与输出等。第二篇是利用T20天正建筑V4.0软件绘制建筑施工图的相关内容(第12~16章),包括:天正建筑软件简介、各层平面图的绘制、立面和剖面图的生成等。

本书结合土木工程各制图标准、CAD制图统一规则以及专业规范等,以易学实用为出发点,有针对性地安排章节内容,采用图文并茂、案例化讲解方式,做到软件使用方法与规范标准和实际应用不脱节,更适宜学习和教学使用。

本书可作为高等院校土木工程、建筑学等相关专业的计算机辅助制图类课程的教材或参考资料,也可作为电大、高职、自学考试及各类培训班等的教学用书。

## 图书在版编目(CIP)数据

土木工程CAD＋天正建筑基础实例教程 / 赵冰华,喻骁主编. —4版. — 南京:东南大学出版社,2022.1(2024.1重印)
ISBN 978-7-5641-9936-4

Ⅰ.①土… Ⅱ.①赵… ②喻… Ⅲ.①土木工程-建筑制图-计算机制图- AutoCAD软件-教材②建筑设计-计算机辅助设计-应用软件-教材 Ⅳ.①TU204②TU201.4

中国版本图书馆CIP数据核字(2021)第259422号

责任编辑:戴坚敏　责任校对:韩小亮　封面设计:余武莉　责任印制:周荣虎

土木工程CAD十天正建筑基础实例教程(第4版)
Tumu Gongcheng CAD＋Tianzheng Jianzhu Jichu Shili Jiaocheng(Di-si Ban)

主　　编:赵冰华　喻　骁
出版发行:东南大学出版社
社　　址:南京四牌楼2号　邮编:210096　电话:025-83793330
网　　址:http://www.seupress.com
电子邮箱:press@seupress.com
经　　销:全国各地新华书店
印　　刷:大丰市科星印刷有限责任公司
开　　本:787mm×1092mm　1/16
印　　张:19
字　　数:472千字
版　　次:2022年1月第4版
印　　次:2024年1月第4次印刷
书　　号:ISBN 978-7-5641-9936-4
印　　数:20001-30000册
定　　价:56.00元

本社图书若有印装质量问题,请直接与营销部联系。电话:025-83791830

# 高等学校土木建筑专业应用型本科系列
# 规划教材编审委员会

# 前　言

　　本教材是面向高等学校土木建筑类专业应用型本科系列规划教材。自出版以来,得到大中专院校的广泛采用,受到了广大读者的厚爱和支持,在此表示衷心地感谢。为了教材的严谨性和可持续性,在总结经验和吸纳新知识的基础上,决定进行修订再版。

　　本次修订,全体参编人员字斟句酌校勘全书,力求基础知识陈述准确明晰、行文遣字简练畅达、实例分析适当规范。考虑到计算机辅助绘图软件更新换代飞速,几乎每年都有新的版本出现,但基础知识和命令部分均大同小异,故本版教材在软件版本上采用 AutoCAD 2016 中文版和 T20 天正建筑 V4.0 两个软件进行讲解,并保持了原版的特色、风格和基本结构,主要结合《房屋建筑制图统一标准》(GB/T 50001—2017)、《建筑制图标准》(GB/T 50104—2010)及《建筑结构制图标准》(GB/T 50105—2010)等一系列新标准,对相关内容进行了修改与订正,并适时更新了部分例题和习题,努力做到新规范、新标准和实际操作的相辅相成,使学习更具准确性和规范性,一步到位,少走弯路。

　　本书共介绍了 AutoCAD 2016 中文版和 T20 天正建筑 V4.0 两个计算机辅助设计软件,以易学实用为出发点,第一篇详细介绍了 AutoCAD 2016 绘制土木工程各专业图的基础知识;第二篇以一个建筑工程实例为线索,详细讲述了 T20 天正建筑 V4.0 绘制建筑施工图的方法。书中实例丰富,讲解透彻,语言精练,实用性强,读者容易上手,能够迅速提高计算机绘图能力。新颖的绘图思想,丰富的实例内容,大量的使用技巧,将使初学者迅速掌握利用计算机相关软件绘制土木工程施工图的基本操作方法。

　　本书内容涉及建筑施工图、结构施工图以及道路施工图等多种土建图样的绘制,重点突出软件使用方法与规范标准和实际应用的相互结合,删减软件中不常用的内容,更适宜土木工程相关专业的工科学生和土建行业工程技术人员学习和参考使用,是目前市场上为数不多的综合类计算机绘图教材。

本书由赵冰华、喻骁主编，胡爱宇、张伟副主编。感谢南京航空航天大学王法武、江苏开放大学火映霞、常州大学周晓东等老师为本书做的大量基础工作。

由于时间仓促，加上编者水平有限，书中不足之处在所难免，望广大读者批评指正，作者将不胜感激。

编者

2021 年 10 月

# 目　录

# 第一篇　AutoCAD 2016

图形是表达和交流技术思想的工具,阅读和绘制图纸是工程技术人员必须掌握的基本技能。CAD 是"计算机辅助设计"(Computer Aided Design)的英文首字母缩写,即在计算机的帮助下进行设计和绘图。20 世纪 60 年代,CAD 工具最早应用于飞机的设计与建造。随着计算机技术的飞速发展和个人电脑的广泛普及,越来越多的工程设计人员开始使用计算机绘制各种图形。目前 CAD 技术已经成为各个行业的基础支撑技术。与传统手工绘图相比,CAD 绘图具有绘图效率高、修改方便、节省资源等优点。

AutoCAD 是由美国 Autodesk 公司于 20 世纪 80 年代开发的通用计算机辅助绘图与设计软件,是用于二维及三维设计、绘图的交互式软件工具,用户可以使用它来创建、浏览、管理、打印、输出、共享及准确复制包含大量设计信息的图形,具有功能强大、使用方便、体系结构开放等优点,深受广大工程技术人员的欢迎。AutoCAD 经过 30 多年的不断升级改进,其功能逐渐强大,日趋完善。目前 AutoCAD已广泛应用于机械、土木建筑、电子、航天等各个领域。在中国,AutoCAD 已成为工程设计领域中应用最为广泛的计算机辅助设计软件之一。AutoCAD 的主要特点可概括为:强大的二维绘图功能;灵活的图形编辑功能;实用的三维建模功能;开放的二次开发功能;完善的用户定制功能。

# 1　AutoCAD 2016 基本知识

AutoCAD 2016 与之前的版本相比,用户界面进行了重新设计,提供了功能区选项板以使用户更方便地找到命令。功能方面除增强了图形处理等功能外,另一个最显著的变化是增加了参数化绘图功能。用户可以对图形对象建立几何约束,以保证图形对象之间有准确的位置关系,如平行、垂直、相切、同心、对称等关系;也可以建立尺寸约束,通过该约束,既可以锁定对象,使其大小保持固定,也可以通过修改尺寸值来改变所约束对象的大小。另外,在三维建模及打印、动态块、支持 PDF 参考底图和输出以及自定义等方面都有所改进和增强。

本章主要介绍 AutoCAD 2016 的工作界面、文件管理、命令的使用方法及视图的显示等,使用户了解用户界面各组成部分的名称和用途,学会建立、打开及保存图形文件,掌握AutoCAD 2016 命令操作的方法,并能够对视图进行缩放和平移。

## 1.1　AutoCAD 2016 的启动与用户界面

启动 AutoCAD 2016 的方法有三种:(1)双击电脑桌面上的 AutoCAD 2016 快捷图标;(2)开始菜单→所有程序→Autodesk→AutoCAD 2016—简体中文(Simplified Chinese);(3)双击已存在的 AutoCAD 2016 图形文件。

启动 AutoCAD 2016 后,打开如图 1-1 所示的 AutoCAD 2016 的开始界面,点击"选择样板"或者"无样板-公制",进入如图 1-2 所示的 AutoCAD 2016 的缺省用户界面。

图 1-2 是 AutoCAD 2016 缺省的用户界面,对应"二维草图与注释"的工作空间,在工作空间未修改之前默认采用此界面。该界面包括【应用程序】按钮菜单、【功能区】选项板、【快速访问】工具栏、绘图区、命令行窗口和状态栏等功能区。

AutoCAD 2016 提供了三个不同的工作空间供用户选择,包括"草图与注释""三维基础"和"三维建模"。深受老用户欢迎的"AutoCAD 经典"工作空间,到 2015 版彻底被取消了,但是用户可以根据需要将下载好的经典模式 acad. cuix 配置文件移植到 2016 版使用。具体方法如下:

单击状态栏中的"切换工作空间"按钮 ⚙ ▾,然后从弹出的快捷菜单(图 1-3)中选择"自定义",调出【自定义用户界面】对话框(如图 1-4),选择【传输】选项卡,在右侧点击"打开"按钮 📂,选择下载好的经典模式配置文件 acad. cuix 打开,然后鼠标左键选中"AutoCAD 经典"拖到左侧工作空间栏目下,点击对话框中"应用"和"确定"按钮关闭对话框。最后,再次

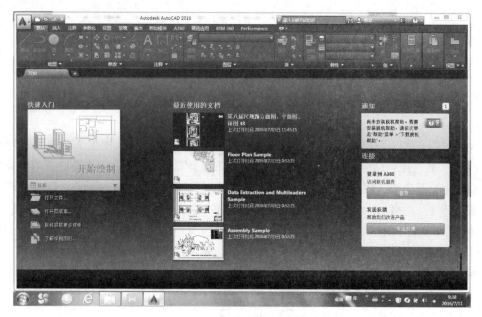

图 1-1　AutoCAD 2016 开始界面

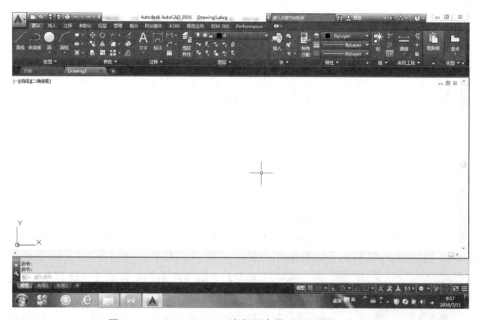

图 1-2　AutoCAD 2016 缺省用户界面(无样板-公制)

单击状态栏中的"切换工作空间"按钮 ，从弹出的快捷菜单中选择

"AutoCAD 经典"即可。

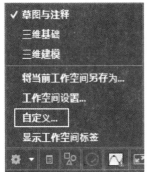

图 1-3 工作空间快捷菜单 图 1-4 【自定义用户界面】对话框

为方便 AutoCAD 新老用户的使用,本书以下章节主要采用"AutoCAD 经典"工作空间进行介绍,此工作空间下用户界面的组成如图 1-5 所示。

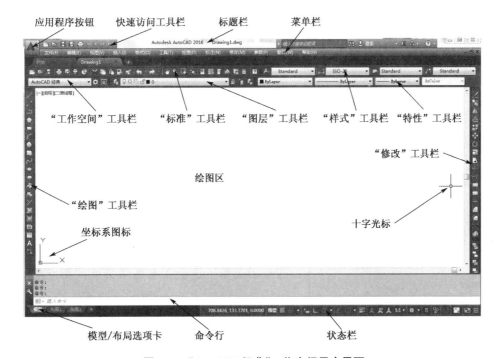

图 1-5 "AutoCAD 经典"工作空间用户界面

"AutoCAD 经典"工作界面由标题栏、菜单栏、工具栏、绘图区、十字光标、命令行和状态栏等组成,下面介绍这几个组成部分。

### 1.1.1 【应用程序】菜单

点击左上角的 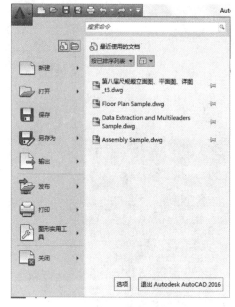 按钮后即可弹出如图 1-6 所示的【应用程序】菜单,其中包括新建、打开、保存以及打印、发布等最基本的命令选项。

### 1.1.2 【快速访问】工具栏

【快速访问】工具栏包括最常用命令的快捷按钮,如新建、打开、保存文件、撤销、重做等。用户也可通过点击最右端的小三角箭头进行自定义,将自己最常用的命令按钮放置在上面。

### 1.1.3 标题栏

图 1-6 【应用程序】菜单

在用户界面的最上端是标题栏,显示了系统当前正在运行的应用软件名称(AutoCAD 2016)及用户正在使用的图形文件名称等。

### 1.1.4 交互帮助信息栏

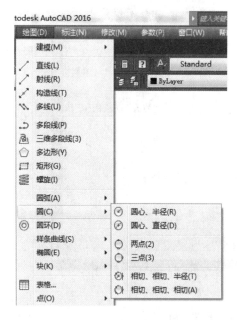

图 1-7 下拉式菜单

交互帮助信息栏包括搜索文本框、会员中心、通信中心、收藏夹和帮助按钮,可以使用户快速准确地得到当前的帮助信息。

### 1.1.5 菜单栏

在标题栏的下方是菜单栏,包括【文件】【编辑】【视图】【插入】【格式】【工具】【绘图】【标注】【修改】【参数】【窗口】和【帮助】12 个下拉菜单选项。每一个菜单下均包含多个子菜单命令,甚至子菜单下还会含有级联菜单。如点击绘图菜单将显示绘图子菜单,包括了各种绘图命令,而选择子菜单中带有 ▶ 的"圆"命令之后又会出现相应的级联菜单,用于选择所需的画圆方法,如图 1-7 所示。

## 1.1.6　工具栏

工具栏是一组相关图标按钮的集合,单击图标即可执行相应的命令。把光标移动到某个图标上,稍停片刻即在该图标附近浮动显示相应的工具名称、说明及命令名,此时按 F1 键可得到关于此命令的帮助信息。在默认情况下,用户界面显示位于绘图区上部的【标准】工具栏、【样式】工具栏、【工作空间】工具栏、【图层】工具栏以及【特性】工具栏,位于绘图区左侧的【绘图】工具栏、右侧的【修改】工具栏和【绘图次序】工具栏,如图 1-5 所示。AutoCAD 2016 提供了 50 多种工具栏供显示使用,用户可在任一工具栏上单击鼠标右键,在打开的快捷菜单上勾选或取消某一工具栏的显示。

## 1.1.7　绘图区

用户界面中间的大片空白区域是绘图区,相当于一张虚拟的绘图纸,用户可在此区域任意绘制和修改图形。鼠标指针在界面的其他地方显示为一个箭头,在绘图区显示为一个十字光标,其中心表示了当前点的位置。十字光标的大小可以通过点击【工具】菜单下的"选项"命令打开【选项】对话框,选择【显示】选项卡,拖动对应的滑块进行调整(如图 1-8(a)所示)。背景及其他界面元素的颜色可点击【显示】对话框中的"颜色"按钮,在弹出的【图形窗口颜色】对话框中选择调整(如图 1-8(b)所示)。

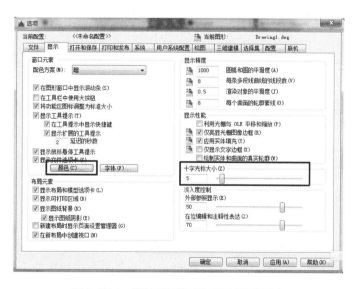

图 1-8(a)　【选项】对话框下【显示】选项卡

绘图区左下角的 称为坐标系图标,用以标示坐标轴的方向。AutoCAD 系统为用户提供了世界坐标系(WCS,World Coordinate System)和用户坐标系(UCS,User Coordinate System)两个内部坐标系,以帮助用户确定在绘图区的位置。AutoCAD 将世界坐标系作为基准,用户自己创建的坐标系称为用户坐标系。WCS 是所有用户坐标系的基准,不能被重新定义，如果坐标系图标在坐标轴交叉点带有"□"形标志表示当前坐标系为世界坐标系。用户坐标系缺省与世界坐标系重合，用户可对用户坐标系的坐标原点和坐标轴的方向进行重新定义，此后所有命令输入的坐标都是相对于用户坐标系的。通过【视图】菜单下的"显示"命令→"UCS图标"可控制坐标系图标的显示、是否始终位于原点以及坐标系的特性（如二维、三维、图标颜色和大小等）。

绘图区的右下方和右方有滚动条，在所画图形超出绘图区显示范围时，通过拖动滚动条可将图形的不可见部分上下左右滚动显示。

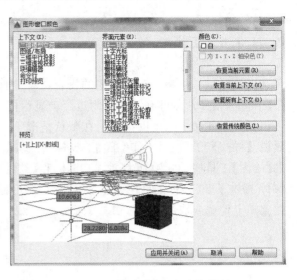

图1-8(b)　【图形窗口颜色】对话框

### 1.1.8　命令行窗口

命令行窗口包括上部的文本窗口和最下面一行的命令行，是输入命令名和显示命令提示的区域。AutoCAD通过命令行窗口，反馈各种信息，包括出错信息。默认的命令行窗口布置在绘图区下方，可通过鼠标左键双击命令行窗口的左侧灰色区域将其放大，如图1-9所示。

图1-9　命令行窗口

### 1.1.9　模型/布局选项卡

用户界面左下方是  模型　布局1　布局2　+ 选项卡，通过鼠标点击可以进行模型空间和布局空间的切换。系统默认有一个模型选项卡和两个布局选项卡，其中模型空间主要用于几何模型的创建和编辑，而布局空间主要用于构造图纸及其打印样式，对模型空间建立的几何模型进行打印输出。

### 1.1.10　状态栏

状态栏在用户界面的最底部右侧，包括辅助绘图工具的功能按钮（如捕捉模式、栅格显示、正交模式、极轴追踪、对象捕捉等），一些常见的显示工具、注释工具和导航工具的功能按钮等。

## 1.2　AutoCAD 命令的调用

AutoCAD 所有的操作过程都是通过命令来控制的,且命令名均为西文(不区分大小写),用户可以使用相应的命令来指挥 AutoCAD 完成不同的任务。

### 1.2.1　命令的执行方式

AutoCAD 命令的执行方法有以下几种(以"直线"命令为例):

(1) 在命令行直接输入命令名全称(如"LINE")或其缩写(如"L"),然后按【Enter】键。

(2) 用鼠标选择菜单栏或【应用程序】菜单中相应的命令选项(如【绘图】菜单→"直线"命令)。

(3) 用鼠标点击工具栏或【快速访问】工具栏中相应的命令按钮(如【绘图】工具栏→"直线"按钮 ✎)。

(4) 使用键盘上的快捷键(如按 F8 键可启用或关闭正交模式等)。

命令执行后根据情况,AutoCAD 会提示用户进行下一步的操作。如执行"圆"命令(在命令行输入"CIRCLE"并按【Enter】键)后,命令行提示:

命令:CIRCLE↙

指定圆的圆心或[三点(3P)/两点(2P)/切点、切点、半径(T)]:

此时用户可根据需要选择不同的选项来完成画圆操作,如输入"3P"后按回车键表示通过三点的方法来画圆,命令行将继续提示用户依次输入三个点,完成圆的绘制。

### 1.2.2　命令的取消与重复

用户可随时按【Esc】键来终止当前执行的命令。如果要重复执行上一个命令,用户可以在 AutoCAD 2016 等待输入命令时直接按【Enter】键或【空格】键或在绘图区单击鼠标右键选择"重复";也可以在命令行窗口单击鼠标右键,在弹出的快捷菜单中选择"近期输入的命令"下的某个命令。

### 1.2.3　命令的撤销与重做

如果用户发现之前的操作有误,可使用"UNDO"命令撤销一次或多次操作。撤销后还可使用"REDO"命令重新恢复撤销的操作。也可以单击【快速访问】工具栏或【标准】工具栏上的放弃/重做箭头 ⬅ ➡ ,进行放弃或重做的操作。

### 1.2.4 命令参数的输入

大多数命令都需要输入一定量的参数以最终确定所要绘制的图形。需要输入的命令参数种类有点、角度、距离、长度等。点是最基本的绘图元素,用 AutoCAD 2016 画图时通常遵循点、线、面、体依次逐步构成的次序。点的输入可以直接在命令行输入点的坐标,也可以配合精确定位工具使用鼠标在绘图区点取需要的点。

根据不同的已知条件,用户可输入不同的坐标数据,如直角坐标(笛卡儿坐标)或极坐标,绝对坐标或相对坐标,下面介绍 AutoCAD 2016 中几种坐标的输入方法。

1) 笛卡儿坐标(直角坐标)

笛卡儿坐标又称为直角坐标,对二维绘图而言,平面上任何一点 P 都可以由该点在 X 轴和 Y 轴的坐标(X,Y)唯一确定,其中 X 表示该点到 Y 轴的距离,Y 表示该点到 X 轴的距离。在绘图过程中,直角坐标的输入方法为:依次输入 X 坐标、英文逗号(,)、Y 坐标,然后按【Enter】键。如某点的坐标为(40,30),输入该点时可依次输入 40、英文逗号(,)、30,然后按【Enter】键即可。如图 1-10 所示为一条通过点(0,0)和(40,30)的直线的绘制过程,从命令行提示窗口可以看到直角坐标的输入方法。

2) 极坐标

平面上任何一点 P 都可以由该点到原点的连线长度 L 和连线与极轴(X 轴正方向)的交角 α(极角,逆时针方向为正)唯一确定,因此极坐标表示为(L<α)。极坐标的输入方式为:依次输入极半径 L,小于号"<",极角 α,然后按【Enter】键。例如,某点的极坐标为(50<30),输入该点时可依次输入 50、小于号"<"、30,然后按【Enter】键即可。如图 1-11 所示为通过点(0,0),直线长度为 50,与 X 轴正方向夹角为 30°的直线,该直线两点的极坐标分别为:0<0、50<30,从命令行提示窗口可以看到极坐标的输入方法。

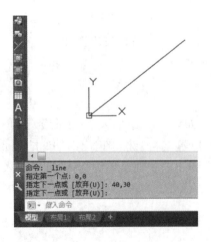

图 1-10 直角坐标的输入

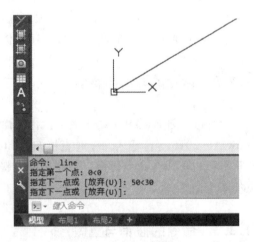

图 1-11 极坐标的输入

以上坐标又称为绝对直角坐标和绝对极坐标。

3) 相对直角坐标和相对极坐标

直角坐标和极坐标都是相对于坐标原点而言的,在实际应用中可以把上一个输入点作为相对坐标原点,此时的直角坐标和极坐标称为相对直角坐标和相对极坐标。在 AutoCAD 2016 中相对坐标用"@"标识,在输入坐标时首先输入"@"符号,然后输入相对坐标值。

在某些情况下,通过相对坐标来绘制图形更加方便。例如,现需绘制由两条线段构成的折线,起点 A 坐标为(10,10),第一条线段终点 B 相对起点 X 轴方向偏移 50,Y 轴方向也偏移 50,第二条线段长 60,与 X 轴成 30°角,第一条线段 B 点相对于 A 点的相对直角坐标为 (@50,50),第二条线段终点 C 相对于起点 B 的相对极坐标为(@60<30)。图 1-12 为使用相对直角坐标和相对极坐标输入的该折线绘制过程。

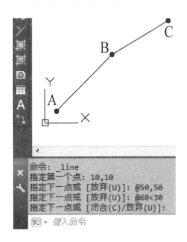

图 1-12 相对直角坐标和相对极坐标的输入

## 1.3 AutoCAD 的文件操作

文件是计算机保存信息的基本方式,AutoCAD 2016 使用后缀名为 dwg 的文件格式保存图形信息。AutoCAD 2016 的文件操作包括新建文件、保存文件、打开文件、关闭文件等。与其他命令一样,执行文件操作命令也有多种方式,用户可选择符合自己工作习惯的命令执行方式。

### 1.3.1 新建文件

AutoCAD 2016 新建文件的方法有:
(1) 命令行:NEW/QNEW
(2) 菜单栏:【文件】菜单→"新建"命令
(3) 【应用程序】菜单→"新建"命令
(4) 【标准】工具栏→"新建"按钮 ▯
(5) 【快速访问】工具栏→"新建"按钮 ▯
(6) 快捷键:Ctrl+N

　　执行新建文件命令后，系统弹出如图 1-13 所示的【选择样板】对话框，用户可以选择 AutoCAD 提供的已设置好绘图环境的样板进行后续的绘图。

　　若用户不需要选择样板文件，可以点击"打开"按钮后的小三角 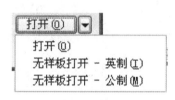 选择无样板打开（英制或公制），如图 1-14 所示。

图 1-13　【选择样板】对话框　　　　　　图 1-14　无样板打开文件

## 1.3.2　保存文件

　　保存文件分为"保存"和"另存为"两种。"保存"命令将当前修改过的图形文件以当前文件名保存到磁盘文件里，"另存为"是将当前文件用另外的文件名保存。如果将新建的文件直接保存，则 AutoCAD 2016 自动转入"另存为"命令。

　　1）保存

　　（1）命令行：SAVE/QSAVE

　　（2）菜单栏：【文件】菜单→"保存"命令

　　（3）【应用程序】菜单→"保存"命令

　　（4）【标准】工具栏→"保存"按钮 ▦

　　（5）【快速访问】工具栏→"保存"按钮 ▦

　　（6）快捷键：Ctrl＋S

　　2）另存为

　　（1）命令行：SAVEAS

　　（2）菜单栏：【文件】菜单→"另存为"命令

　　（3）【应用程序】菜单→"另存为"命令

　　（4）快捷键：Ctrl＋Shift＋S

　　图 1-15 所示即【图形另存为】对话框，用户输入相应文件名后选择文件类型和保存路径

（第一次保存文件，建议用【图形另存为】命令，在文件类型选项中，选择低版本的类型，以便于在其他版本的软件中打开文件），点击"保存"按钮即可。

图 1-15　【图形另存为】对话框

### 1.3.3　打开文件

AutoCAD 2016 打开文件的方法有：
（1）命令行：OPEN
（2）菜单栏：【文件】菜单→"打开"命令
（3）【应用程序】菜单→"打开"命令
（4）【标准】工具栏→"打开"按钮
（5）【快速访问】工具栏→"打开"按钮
（6）快捷键：Ctrl＋O
执行"打开"文件命令后，弹出如图 1-16 所示的【选择文件】对话框，用户可在"查找范围"中找到文件所在目录并选择要打开的文件。

### 1.3.4　关闭文件

AutoCAD 2016 关闭文件的方法有：
（1）命令行：CLOSE
（2）菜单栏：【文件】菜单→"关闭"命令
（3）【应用程序】菜单→"关闭"命令
（4）点击菜单栏右侧的 ✖ 形按钮

图 1-16 【选择文件】对话框

执行"关闭"文件命令后,AutoCAD 将当前图形文件关闭。如果文件修改后未保存,则询问是否保存文件,选择"是"则保存文件后再关闭,选择"否"则将修改丢弃直接关闭。

### 1.3.5　退出 AutoCAD 2016

退出 AutoCAD 2016 程序的方法有:
(1) 命令行:QUIT/EXIT
(2) 菜单栏:【文件】菜单→"退出"命令
(3) 【应用程序】菜单→"退出"命令
(4) 点击"状态栏"右侧的  形按钮

执行"退出"命令后,如果有修改过的文件尚未保存,AutoCAD 将询问是否保存,保存完成后程序退出。

## 1.4　控制视图显示

AutoCAD 2016 的显示区域实际是一块虚拟的绘图板,与实际绘图板相比,其优点是可以对所绘制的图形进行任意的缩放、移动等操作,有时还可以同时打开多个视口进行操作,在绘制三维图形时还可以鸟瞰视图,具有很多实际图纸绘图时不可比拟的优点。

### 1.4.1 缩放视图

调整视图显示大小的"缩放视图"命令调用的方法有：

(1) 命令行:ZOOM

(2)【视图】菜单→"缩放"→相应"缩放"命令

(3)【标准】工具栏→相应的"缩放"命令按钮

(4)【缩放】工具栏→相应的"缩放"命令按钮

通过对图形进行放大和缩小,用户可用不同的比例观察图形,根据需要把图形的整体或某一局部作为查看重点。执行"ZOOM"命令后,命令行提示如下:

命令:zoom↙

指定窗口的角点,输入比例因子(nX 或 nXP),或者

[全部(A)/中心(C)/动态(D)/范围(E)/上一个(P)/比例(S)/窗口(W)/对象(O)]＜实时＞:

用户通过输入不同选项的参数,调用不同方式对图形进行缩放:其中全部(A)选项缩放显示整个图形;中心(C)选项缩放以显示由中心点和比例值/高度所定义的视图;动态(D)选项使用矩形视图框进行平移或缩放;范围(E)按最大尺寸显示所有对象;上一个(P)选项缩放显示上一个视图;比例(S)选项使用比例因子缩放视图;窗口(W)选项缩放显示由两个角点定义的矩形窗口框定的区域;对象(O)选项尽可能大的显示一个或多个选定的对象并使其位于视图的中心。

下面介绍最常用的几种缩放方式,其余的用户可在 AutoCAD 帮助系统中查询其用法。

1) 实时缩放

最简单的缩放视图的方法是滚动鼠标中间滚轮(即实时缩放),直接对视图进行缩放。执行实时缩放命令时光标变为 形,按下鼠标左键向下拖动,图形将缩小,向上拖动,图形将放大。

缩放结束后,用户可通过按【Esc】或【Enter】键退出实时缩放状态。

2) 窗口缩放

用于将指定的两个对角点所确定的窗口区域放大至整个绘图区,具体操作为:

命令:zoom↙

指定窗口的角点,输入比例因子(nX 或 nXP),或者

[全部(A)/中心(C)/动态(D)/范围(E)/上一个(P)/比例(S)/窗口(W)/对象(O)]＜实时＞:W↙(输入 W 后按【Enter】键)

指定第一个角点:(输入点的坐标后按【Enter】键或用鼠标取点)

指定对角点:(输入点的坐标后按【Enter】键或用鼠标取点)

3) 范围缩放

用于放大或缩小图形以显示其范围,这会导致按最大尺寸显示绘图区内所有图形对象。具体操作为:

命令:zoom↙

指定窗口的角点,输入比例因子(nX 或 nXP),或者

[全部(A)/中心(C)/动态(D)/范围(E)/上一个(P)/比例(S)/窗口(W)/对象(O)]＜实时＞:E✓(输入 E 后按【Enter】键)

正在重生成模型。(将图形缩放至整个绘图窗口)

4) 全部缩放

用于在绘图区中缩放显示整个图形。在平面视图中,所有图形将被缩放到栅格界限和当前范围两者中较大的区域。在三维视图中,"全部缩放"与"范围缩放"等效。具体操作为:

命令:zoom✓

指定窗口的角点,输入比例因子(nX 或 nXP),或者

[全部(A)/中心(C)/动态(D)/范围(E)/上一个(P)/比例(S)/窗口(W)/对象(O)]＜实时＞:A✓(输入 A 后按【Enter】键)

正在重生成模型。(将所有图形缩放至整个绘图区域)

### 1.4.2 平移视图

平移视图命令可以重新定位视图,以便看清楚图形的其他部分。此时,不会改变图形对象的大小,而只改变视图位置。其命令调用的方法有:

(1) 命令行:PAN

(2)【视图】菜单→"平移"→"实时平移"命令

(3)【标准】工具栏→"实时平移"按钮 🖐

执行"PAN"命令后,光标变为手型标志,此时用户可按下鼠标左键并拖动鼠标以移动视图。平移到合适位置后,用户可通过按【Esc】或【Enter】键退出实时平移状态。

如果鼠标有中间滚轮按键,按住鼠标中间滚轮并拖动鼠标可直接对视图进行平移。

## 1.5 在线帮助

AutoCAD 2016 提供了完善而友好的在线帮助功能,其使用的方法有:

(1) 命令行:HELP

(2)【帮助】菜单→命令

(3)【标准】工具栏→"帮助"按钮 ❓

(4) 快捷键:【F1】键

AutoCAD 2016 帮助系统打开后如图 1-17 所示,用户可直接搜索相关词查找需要的内容。例如在要查找的关键字栏中输入命令名称"line",即可得到绘制直线命令的详细介绍,如图 1-18 所示。

图 1-17 AutoCAD 2016 帮助系统

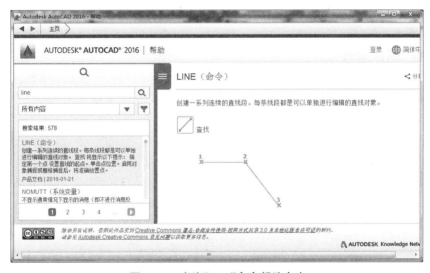

图 1-18 查询"Line"命令帮助内容

## 复习思考题

### 一、填空题

1. AutoCAD 2016 命令的调用方法有 _____ 、_____ 、_____ 和 _____ 四种。

2. 可在绘图区中缩放显示整个图形的缩放命令为 _____ 、_____ 。

3. 在线帮助功能的快捷键为 _____ 。

### 二、上机操作题

1. 学会如何切换工作空间并熟悉不同工作空间的区别。

2. 绘制一边长为 200 的正方形并保存,文件名为班级＋学号＋姓名(如建工 161＋01＋张三)。

# 2 二维绘图命令

本章将介绍绘图环境的设置,辅助绘图工具的使用,并详细讲解平面图形的绘制,包括点、直线类、圆类和简单平面图形的绘制方法。这些基本绘图命令是掌握复杂图形绘制的基础。

## 2.1 设置绘图环境

绘图环境的设置包括图形单位和图形界限等初始设置。

### 2.1.1 图形单位

图形单位主要用来设置绘图时所使用的长度、角度单位和精度等,其命令执行的方式有:

(1) 命令行:UNITS

(2) 菜单栏:【格式】菜单→"单位"命令

执行"单位"命令后,可打开如图 2-1(a)所示的【图形单位】对话框。在此对话框中,用户可选择长度及角度的单位"类型"和"精度",图块"插入时的缩放单位"等。若点击下方的"方向"按钮,用户可进一步打开【方向控制】对话框确定角度的起始方向,如图 2-1(b)所示。

图 2-1(a) 【图形单位】对话框        图 2-1(b) 【方向控制】对话框

### 2.1.2　图形界限

图形界限的作用是设定一个矩形的绘图边界,打开图形界限检查功能后,超出此边界范围的作图无效,这样可以避免偶然错误的发生。如果设置了栅格显示,那么栅格只存在于设定的图形界限内。其命令执行的方式有:

（1）命令行:LIMITS

（2）菜单栏:【格式】菜单→"图形界限"命令

执行"图形界限"命令后,AutoCAD命令行提示如下:

命令:limits

重新设置模型空间界限:

指定左下角点或［开（ON）/关（OFF）］＜0.0000,0.0000＞:(输入左下角坐标后,按【Enter】键)

指定右上角点＜420.0000,297.0000＞:(输入右上角坐标后,按【Enter】键)

设定好图形界限的范围后,若重新执行"LIMITS"命令并将其设置为"开（ON）"的状态,则输入在图形界限范围以外的点无效;若图形界限为"关（OFF）"的状态,用户可在任意范围内输入点。

## 2.2　辅助绘图工具

为了更加快速、精确地创建图形,AutoCAD 2016为用户提供了多种绘图的辅助工具,如栅格、捕捉、正交、对象捕捉和追踪等,这些辅助绘图工具能够快速准确地定位某些特殊点和特殊位置。辅助绘图工具按钮位于状态栏中,如图2-2所示,单击这些按钮,即可打开或关闭这些辅助绘图工具。

图2-2　辅助绘图工具

### 2.2.1　栅格与捕捉

点击栅格按钮 ▦ 或按【F7】键可以使绘图区显示网格,类似手工绘图的坐标纸(一般很少使用)。点击捕捉 ▦ 按钮或按【F9】键则生成一个隐含的栅格(捕捉栅格),光标只能落在栅格的节点上,这样用户使用鼠标在绘图区只能得到精确的栅格点,但从命令行仍然可以输入任意点的坐标。栅格与捕捉工具经常一起配合使用。

栅格和捕捉可通过【工具】菜单下的"草图设置"命令,也可在栅格或捕捉按钮上单击鼠标右键选择"网格设置"或"捕捉设置"选项,在打开的【草图设置】对话框中切换到【捕捉和栅格】选项卡进行设置,如图 2-3 所示。

图 2-3 【捕捉和栅格】选项卡

在该对话框中,"启用捕捉"复选框用于控制捕捉功能的开关,其快捷键是【F9】;"启用栅格"复选框用于控制是否显示栅格,其快捷键是【F7】。同时,也可以用鼠标在状态栏上辅助绘图工具栏点击相应按钮 ▦ ▾ 及 ▦ 分别开启或关闭捕捉和栅格功能。

"捕捉间距"和"栅格间距"选项组分别用于设置两者的"X 轴间距"和"Y 轴间距",一般将捕捉和格栅的间距设为相同。"捕捉类型"分为"栅格捕捉"和"极轴捕捉","栅格捕捉"按正交位置捕捉点,"极轴捕捉"则可以根据设置的任意极轴角捕捉位置点。"栅格捕捉"又分为"矩形捕捉"和"等轴测捕捉",其中"等轴测捕捉"主要用于绘制轴测图时点的精确捕捉。

### 2.2.2 正交与极轴追踪

正交模式用于绘制水平和竖直的直线,在此状态下,画线或移动对象时只能沿水平或竖直方向移动光标。单击状态栏上的"正交模式"按钮 ⌐ 或按【F8】键可打开或关闭正交模式。

极轴追踪用于绘制与坐标轴成一定角度的线段。与正交模式的强制正交不同,极轴追踪仅提示显示一条无限延伸的符合预先设置角度增量的辅助线,用户可沿辅助线移动光标得到合适的点。单击状态栏上的"极轴追踪"按钮 ⊙ ▾ 或按【F10】键可打开或关闭极轴追踪。

需要注意的是:正交模式与极轴追踪不能同时打开,若一个打开,另一个将自动关闭。

极轴追踪的角度可点开其按钮右侧的小三角选择合适的角度，也可在【草

图设置】对话框中的【极轴追踪】选项卡中进行设置，如图 2-4 所示。用户可在"极轴角设置"
选项区中设置"增量角"的大小，AutoCAD 2016 对极轴角为增量角倍数的极轴提供追踪线，
如果要追踪不是增量角倍数的极轴,可添加相应的附加角。

图 2-4 【极轴追踪】选项卡

【例 2-1】 利用正交模式或极轴追踪绘制如图 2-5 所示图形。

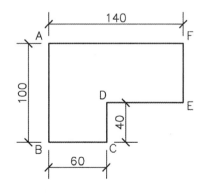

图 2-5 利用正交模式或极轴追踪画直线段

利用正交模式或极轴追踪绘制直线段时,可以直接输入距离,而不需输入各点的坐标,
具体操作步骤如下:

（1）打开正交模式。

（2）执行"LINE"命令，命令行提示如下：

命令：line✓

指定第一点：（用鼠标在绘图区合适位置点击左键输入一点）

指定下一点或[放弃(U)]：100✓（向第一点即 A 点下方拖动光标，屏幕将在 A 点下方出现一条起点为 A 点的竖直线段，随鼠标移动其长度随之变化，此时使用键盘输入线段长度 100 后按【Enter】键）

指定下一点或[放弃(U)]：60✓（向 B 点右侧拖动光标，屏幕将在 B 点右侧出现一条起点为 B 点的水平线段，此时使用键盘输入线段长度 60 后按【Enter】键）

指定下一点或[闭合(C)/放弃(U)]：40✓（向 C 点上方拖动光标，输入 40 后按【Enter】键）

指定下一点或[闭合(C)/放弃(U)]：80✓（向 D 点右侧拖动光标，输入 80 后按【Enter】键）

指定下一点或[闭合(C)/放弃(U)]：60✓（向 E 点上方拖动光标，输入 60 后按【Enter】键）

指定下一点或[闭合(C)/放弃(U)]：c✓（闭合图形）

由绘图过程可以看出在正交模式下，使用鼠标拖动光标配合键盘输入线段长度可以极为方便地绘制水平或竖直直线。在极轴追踪模式下也可以用同样方式完成此图形的绘制，但是必须拖动光标到接近垂直或水平位置，等水平或竖直的追踪线出现后才能输入线段长度。

### 2.2.3　对象捕捉与对象捕捉追踪

对象捕捉功能是各种辅助绘图工具中使用最频繁的一种，当光标靠近符合用户设置的捕捉特征点时，AutoCAD 会自动产生捕捉标记和捕捉提示，此时光标出现磁吸现象以方便选取捕捉点。

对象捕捉在【草图设置】对话框的【对象捕捉】选项卡中设置，用户可根据需要勾选各种捕捉模式，如图 2-6 所示。

对象捕捉模式可复选，但通常只选定最常用的几种捕捉模式（如端点、中点、圆心等），因为如果选择太多，绘图时反而相互干扰，降低绘图效率。

用户也可点击"对象捕捉"按钮 ▢▾ 右侧的小三角或鼠标右键，调出临时捕捉设置菜单，如图 2-7 所示。此时可选择一种捕捉模式，且只对当前一次捕捉操作有效，但对"对象捕捉追踪"无效。

对象捕捉追踪 ▨ 与极轴追踪都属于自动追踪，也是通过提供符合设定要求的辅助线以便确定下一点。对象捕捉追踪可按正交追踪或极轴角追踪，在图 2-4 中设置。与极轴追踪不同的是，极轴追踪以当前点为基点进行追踪，对象捕捉追踪以对象捕捉的特征点为基点进行追踪，因此对象捕捉追踪必须与对象捕捉同时使用。

【例 2-2】　从一已知圆的圆心向已知直线作垂线，并折回与该圆相切，如图 2-8 所示。

图 2-6 【对象捕捉】选项卡    图 2-7 临时捕捉设置菜单

操作步骤如下：

（1）打开"对象捕捉"按钮，单击鼠标右键，选择"设置"选项打开【草图设置】对话框的【对象捕捉】选项卡，勾选"圆心""垂足"和"切点"对象捕捉模式，并清除其他选择框。

（2）执行"LINE"命令。在命令行提示"输入第一点"时，将光标移动到圆曲线的圆心附近，此时圆心处将产生圆心捕捉标记 ⊕，继续移动光标到圆心附近，此时光标右下方将出现圆心捕捉提示 圆心，点击鼠标左键选择此点。

（3）在命令行提示"输入下一点"时，将光标移动到直线附近，直线上某一位置将出现垂足捕捉标记 ┗，继续将光标移动到此标记附近，此时光标右下方将出现垂足捕捉提示 垂足，点击鼠标左键选择此点。

（4）将光标移动到圆曲线附近，圆上某一位置将出现切点捕捉标记 ♉，继续将光标移动到此标记附近，此时光标右下方将出现切点捕捉提示 切点，点击鼠标左键选择此点即可完成绘图。

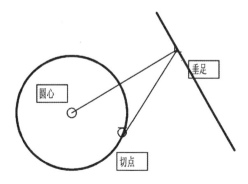

图 2-8 利用对象捕捉模式画垂线及切线

**【例 2-3】** 过一点绘制一条与水平线成 30°角的线段,使其另一个端点与已知线段 AB 的中点在一条竖直线上(图 2-9)。

操作步骤如下:

(1) 打开"极轴追踪"按钮,启用"极轴追踪"模式。

(2) 在【草图设置】对话框的【极轴追踪】选项卡中,将极轴增量角设置为 30°,并在"对象捕捉追踪设置"区选择"用所有极轴角设置追踪"单选框。

(3) 启用"对象捕捉"和"对象捕捉追踪"复选框,并选择"中点"和"节点"对象捕捉模式。

(4) 在命令行中输入"LINE"后按【Enter】键,在命令行提示"输入第一点"时,将光标移动到已知点附近,因打开了"节点"捕捉模式,AutoCAD 将显示捕捉到此点。单击鼠标左键选取该点后,命令行提示"输入下一点",此时将光标移动到已知线段 AB 附近,因打开了"中点"捕捉模式,AutoCAD 将显示捕捉到此线段的中点。将光标移动到线段中点,稍停后慢慢向下移动光标。由于打开了"对象捕捉追踪"功能,此时将出现一条竖直的对象捕捉追踪虚线,并且随着光标向下移动,AutoCAD 给出一个"×"形表示的追踪点。因为打开了增量角为 30°的极轴追踪功能,向下移动到一定位置时,绘图区将出现一条 30°倾角的极轴追踪虚线,两条虚线的交点处即为所绘线段的另一端点,此时屏幕状态如图 2-9 所示。单击鼠标左键选取该交点,即绘制出符合要求的线段。

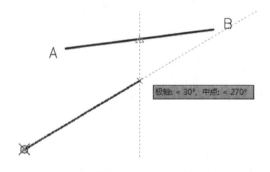

图 2-9　辅助绘图工具的综合使用

### 2.2.4　动态输入

单击状态栏中的"动态输入"按钮 ，可以打开或关闭此功能。利用动态输入用户可直接在光标指示区输入命令和参数,用户的视线一直注视绘图区,不需要移动到底部的命令行提示区,因此可提高绘图效率。动态输入的各项参数在【草图设置】对话框的【动态输入】选项卡中设置(如图 2-10),可选择"启用指针输入"和"可能时启用标注输入",其中"指针输入"按坐标值次序输入点的坐标,"标注输入"用于在某些情况下按照标注数值如线段长度确定点的位置。

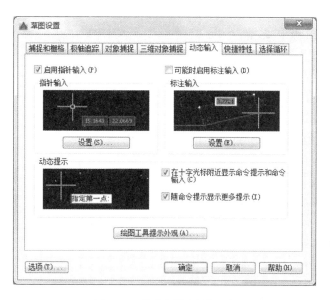

图 2-10 【动态输入】选项卡

## 2.3 绘制点

在 AutoCAD 2016 中,点对象可用作捕捉和偏移对象的节点或参考点。

### 2.3.1 点样式

用来设置点绘制后的显示模式和大小等,其命令调用的方法有:

(1) 命令行:DDPTYPE

(2) 菜单栏:【格式】菜单→"点样式"命令

执行"点样式"命令后,可打开如图 2-11 所示的【点样式】对话框。在该对话框中有 20 种点的样式供用户选择。在"点大小"文本框中可以输入点大小的百分比数值(0~100),并选择按何种方式设置大小。其中,"相对于屏幕设置大小"表示创建的点是以当前屏幕的百分比为参考,在图形缩放时点的大小会同时发生变化;"按绝对单位设置大小"表示创建的点不受图形缩放的影响,在图形缩放时点的大小不发生变化。

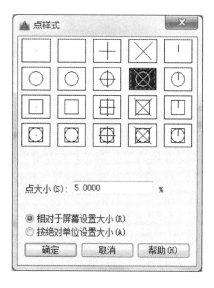

图 2-11 【点样式】对话框

### 2.3.2 绘制单点和多点

1）单点

"单点"命令调用的方法有：

（1）命令行：POINT（命令缩写为 PO）

（2）菜单栏：【绘图】菜单→"点"→"单点"命令

执行"单点"命令后，AutoCAD 命令行提示如下：

命令：point↙

指定点：（输入点坐标，或直接指定点所在的位置）

2）多点

"多点"命令实际是"单点"命令的自动重复，在绘制点数较多的情况下，"多点"命令更为简便，其命令的调用方式有：

（1）菜单栏：【绘图】菜单→"点"→"多点"命令

（2）【绘图】工具栏→"点"按钮

### 2.3.3 定数等分和定距等分

AutoCAD 2016 可以在已绘制好的线形对象上按一定数目或距离等分生成节点，其命令分别是"定数等分"和"定距等分"。采用"定数等分"和"定距等分"后，并不是将线形对象实际等分为单独的对象，而仅仅是标明等分点的位置，以便将它们作为几何参考点。

1）定数等分

"定数等分"用于按给定的数目等分对象，其命令调用的方法有：

（1）命令行：DIVIDE（命令缩写为 DIV）

（2）菜单栏：【绘图】菜单→"点"→"定数等分"命令

例如图 2-12（a）所示长度为 200 的直线段，若要将线段等分为 5 份，其操作步骤为：

（1）使用"点样式"命令，将点样式设置为图 2-12 所示样式类型，以方便查看所生成的点。

（2）打开正交模式，使用"直线"命令绘制长度为 200 的直线段。

（3）执行"定数等分"命令，命令行提示如下：

命令：divide↙

选择要定数等分的对象：（用鼠标选定要等分的直线段）

输入线段数目或［块（B）］：5↙

命令完成后，在已知直线上生成 4 个特征点，如图 2-12（b）所示。

2）定距等分

"定距等分"用于按给定的长度等分对象，其命令调用的方法有：

（1）命令行：MEASURE（命令缩写为 ME）

（2）菜单栏：【绘图】菜单→"点"→"定距等分"命令

例如图 2-12（a）所示长度为 200 的直线段，若要将线段用 60 的长度等分，其操作方法为：

执行"定距等分"命令，命令行提示如下：

命令：measure↙

选择要定距等分的对象：（用鼠标在靠近线段左端处选定直线段）

指定线段长度或[块(B)]：60↙

命令完成后，在已知直线上生成 3 个特征点，如图 2-12(c)所示。若在"选择要定距等分的对象"提示时在靠近线段右端处选定直线段，则等分效果如图 2-12(d)所示。

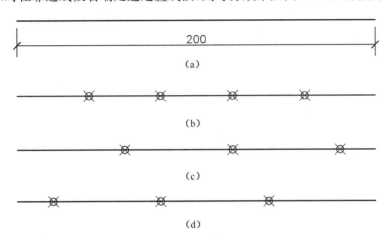

(a)

(b)

(c)

(d)

**图 2-12　定数等分与定距等分**

## 2.4　绘制直线类对象

直线类对象包括直线、构造线、射线、多线等，直线类对象的特点是指定直线上的两点即可确定直线的位置，因此直线类命令绘制的基本方法是指定直线上的两个通过点。

### 2.4.1　直线

AutoCAD 中所说的"直线"命令其实是指直线段，其命令调用的方法有：

(1) 命令行：LINE(命令缩写为 L)

(2) 菜单栏：【绘图】菜单→"直线"命令

(3) 【绘图】工具栏："直线"按钮 ✎

执行"直线"命令后，若要绘制如图 2-13 所示边长为 100 的正五角星，AutoCAD 命令行提示如下：

命令：line↙

指定第一点：100,100↙（输入 A 点的绝对直角坐标）

指定下一点或[放弃(U)]：@100,0↙（输入 B 点的相对直角坐标）

指定下一点或[放弃(U)]:@100<216↙(输入 C 点的相对极坐标)

指定下一点或[闭合(C)/放弃(U)]:@100<72↙(输入 D 点的相对极坐标)

指定下一点或[闭合(C)/放弃(U)]:@100<288↙(输入 E 点的相对极坐标)

指定下一点或[闭合(C)/放弃(U)]:c↙(闭合五角星)

最终完成正五角星图形的绘制,如图 2-14 所示。需要注意的是,在点的坐标输入时分别使用了直角坐标、相对直角坐标和相对极坐标。

说明:在指定第一点时,如直接按【Enter】键,系统将会把上次绘图的终点作为本次直线的起始点。若上次操作为绘制圆弧,按【Enter】键响应后系统将只能绘出通过圆弧终点沿圆弧延伸的该圆弧的切线,其长度可通过键盘输入或光标指定。

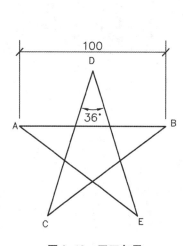

图 2-13　正五角星

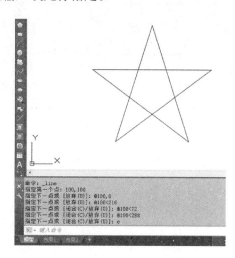

图 2-14　正五角星的绘制过程

### 2.4.2　射线

射线是指从某端点向一个方向无限延伸的直线,主要用于绘制辅助参考线,其命令调用的方法有:

(1) 命令行:RAY

(2) 菜单栏:【绘图】菜单→"射线"命令

执行"射线"命令后,命令行提示如下:

命令:ray↙

指定起点:(输入点的坐标后按【Enter】键或用鼠标取点)

指定通过点:(输入点的坐标后按【Enter】键或用鼠标取点)

指定通过点:(继续绘制下一条通过起点的射线或按【Enter】键结束命令)

说明:在绘制多条射线时,所有后续射线都将以第一个指定点为起点。

### 2.4.3　构造线

构造线才是数学意义上的两端无限延长的直线,与射线一样主要用于绘制辅助参考线,

其命令调用的方法有:

(1) 命令行:XLINE(命令缩写为 XL)

(2) 菜单栏:【绘图】菜单→"构造线"命令

(3) 【绘图】工具栏→"构造线"按钮

执行"构造线"命令后,命令行提示如下:

命令:xline↙

指定点或［水平(H)/垂直(V)/角度(A)/二等分(B)/偏移(O)］:(输入点的坐标后按【Enter】键或用鼠标取点)

指定通过点:(输入点的坐标后按【Enter】键或用鼠标取点)

指定通过点:(继续绘制下一条通过起点的构造线;直接按【Enter】键结束命令)

说明:除指定两个经过点外,构造线还有五种绘制方法:选项(H)绘制一条经过指定点的水平构造线;选项(V)绘制一条经过指定点的垂直构造线;选项(A)绘制一条指定角度的构造线;选项(B)绘制一条经过选定的角顶点且将选定的两条线之间的夹角平分的构造线;选项(O)绘制一条平行于选定对象的构造线。

## 2.4.4  多线

多线是一组由多条平行线组合而成的组合图形对象,常用于绘制土建工程图中的墙线等平行线对象。

1) 多线样式

多线在绘制之前,通常需要根据实际情况对其封口、偏移等样式进行设置,其命令调用的方法有:

(1) 命令行:MLSTYLE

(2) 菜单栏:【格式】菜单→"多线样式"命令

执行"多线样式"命令后,系统弹出如图 2-15 所示的【多线样式】对话框,在此对话框中列出了默认的当前多线样式"STANDARD"及其预览。用户可自己建立新的多线样式,也可修改当前多线样式,并保存到多线样式文件(后缀为. mln)中。

例如要建立"相对轴线对称的 240 mm 砖墙"的多线样式,单击【多线样式】对话框中"新建"按钮,打开如图 2-16 所示的【创建新的多线样式】对话框,通过"新样式名"文本框指定新样式的名称,如"24 墙线";单击"继续"按钮,AutoCAD 弹出如图 2-17 所示的【新建多线样式】对话框,利用此对话框可对封口形式和角度,平行线线型、颜

**图 2-15  【多线样式】对话框**

色及偏移量等进行设置和修改。

**图 2-16 【创建新的多线样式】对话框**　　　　**图 2-17 【新建多线样式】对话框**

2) 绘制多线

"多线"命令调用的方法有:

(1) 命令行:MLINE(命令缩写为 ML)

(2) 菜单栏:【绘图】菜单→"多线"命令

多线样式建立后,如要绘制图 2-18 所示的厚度为 240 mm 的墙体,操作步骤如下:

(1) 使用"LINE"命令绘制墙体轴线,如图 2-18(a)所示。

(2) 执行"MLINE"命令后,AutoCAD 命令行提示如下:

命令:mline✓

当前设置:对正＝上,比例＝20.00,样式＝STANDARD

指定起点或[对正(J)/比例(S)/样式(ST)]:st✓

输入多线样式名或[?]:24 墙线✓(修改多线样式为"24 墙线")

当前设置:对正＝上,比例＝20.00,样式＝24 墙线

定起点或[对正(J)/比例(S)/样式(ST)]:j✓

输入对正类型[上(T)/无(Z)/下(B)]<无>:z✓(修改对正方式为"无")

当前设置:对正＝无,比例＝20.00,样式＝24 墙线

指定起点或[对正(J)/比例(S)/样式(ST)]:s✓

输入多线比例<20.00>:240✓(修改比例为"240")

当前设置:对正＝无,比例＝240,样式＝24 墙线

指定起点或[对正(J)/比例(S)/样式(ST)]:(捕捉轴线端点 A)

指定下一点:(捕捉轴线端点 B)

指定下一点或[放弃(U)]:(捕捉轴线端点 C)

指定下一点或[闭合(C)/放弃(U)]:(捕捉轴线端点 D)

指定下一点或[闭合(C)/放弃(U)]:(捕捉轴线端点 E)

指定下一点或[闭合(C)/放弃(U)]:(捕捉轴线端点 F)

指定下一点或[闭合(C)/放弃(U)]:c✓(闭合多线)

绘制后的效果如图 2-18(b)所示。

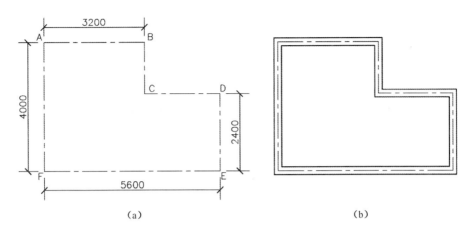

（a）　　　　　　　　　　　　　　　（b）

图 2-18　使用多线命令画墙体

说明：（1）因为多线具有一定宽度，必须指明输入端点位于垂直多线方向的位置，有三种对正方式：上对正、无对正和下对正，分别对应输入端点位于水平多线的顶部、中间和底部。对正方式将影响多线的绘制位置。

（2）绘制封闭多线时，如果最后使用闭合选项，多线的所有平行线条都将自动相交，而如果不使用闭合选项则无法得到这种效果。

如图 2-19 所示，A 为上对正且最后使用闭合选项得到，B 为上对正时直接输入终点（起点）坐标所得，C 为无对正时直接输入终点（起点）坐标所得，D 为下对正时直接输入终点（起点）坐标所得。从图中可以看出对正方式和封闭选项对图形的影响。实际上，可以使用多线编辑命令将 B 转换为 A，多线编辑命令将在下一章介绍。

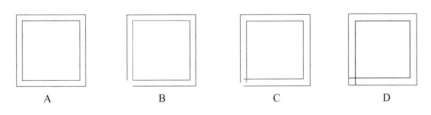

A　　　　　　　　B　　　　　　　　C　　　　　　　　D

图 2-19　多线的对正与闭合

## 2.5　绘制多段线

多段线是可以在不结束命令的情况下同时绘制直线段和弧形段，并可设置各段线始末端点宽度的一种线段绘制命令，其命令调用的方法有：

（1）命令行：PLINE（命令缩写为 PL）

（2）菜单栏：【绘图】菜单→"多段线"命令

（3）【绘图】工具栏→"多段线"按钮 ⤵

执行"多段线"命令后,AutoCAD命令行提示:

命令:pline↙

指定起点:(输入点的坐标后按【Enter】键或用鼠标取点)

当前线宽为 0.0000

指定下一个点或[圆弧(A)/半宽(H)/长度(L)/放弃(U)/宽度(W)]:(输入点的坐标后按【Enter】键或用鼠标取点)

指定下一点或[圆弧(A)/闭合(C)/半宽(H)/长度(L)/放弃(U)/宽度(W)]:(输入"C"后按【Enter】键闭合到起始点;直接按【Enter】键结束命令)

说明:选项(A)指绘制一段圆弧;选项(H)指定当前线段的半宽;选项(L)按照原来方向绘制指定长度的线段;选项(U)放弃前面绘制的线段;选项(W)指定当前线段的全宽。

【例2-4】 使用多段线绘制如图2-20所示的箭头符号,具体操作步骤为:

(1) 打开正交或极轴追踪模式。

(2) 执行"多段线"命令,并根据命令行提示输入相应的参数:

命令:pline↙

指定起点:(任意指定起点)

当前线宽为 0.0000

指定下一个点或[圆弧(A)/半宽(H)/长度(L)/放弃(U)/宽度(W)]:w↙(输入宽度选项 w)

指定起点宽度<0.0000>:1↙(输入起点宽度数字)

指定端点宽度<1.0000>:↙ (输入端点宽度数字,回车表示与起点宽度一致)

指定下一个点或[圆弧(A)/半宽(H)/长度(L)/放弃(U)/宽度(W)]:50↙(利用正交或极轴追踪,在水平方法绘制长度 50 的直线段)

指定下一点或[圆弧(A)/闭合(C)/半宽(H)/长度(L)/放弃(U)/宽度(W)]:w↙(输入宽度选项 w)

指定起点宽度<1.0000>:10↙(输入箭尾处宽度数字)

指定端点宽度<10.0000>:0↙(输入箭头处宽度数字)

指定下一点或[圆弧(A)/闭合(C)/半宽(H)/长度(L)/放弃(U)/宽度(W)]:20↙(利用正交或极轴追踪,在水平方法绘制长度 20 的直线段)

指定下一点或[圆弧(A)/闭合(C)/半宽(H)/长度(L)/放弃(U)/宽度(W)]:↙(直接按【Enter】键结束命令)

【例2-5】 使用多段线绘制如图2-21所示的操场状图形,具体操作步骤为:

命令:pline↙

指定起点:(任意指定起点 A)

当前线宽为 0.0000

指定下一个点或[圆弧(A)/半宽(H)/长度(L)/放弃(U)/宽度(W)]:w↙

指定起点宽度<0.0000>:10↙

指定端点宽度<10.0000>:↙

指定下一个点或[圆弧(A)/半宽(H)/长度(L)/放弃(U)/宽度(W)]:400↙(利用正交或极轴追踪,向右方水平指定 400 距离确定 B 点)

指定下一点或[圆弧(A)/闭合(C)/半宽(H)/长度(L)/放弃(U)/宽度(W)]:a↙

指定圆弧的端点或

[角度(A)/圆心(CE)/闭合(CL)/方向(D)/半宽(H)/直线(L)/半径(R)/第二个点(S)/放弃(U)/宽度(W)]:200↙(利用正交或极轴追踪,向下方竖直指定200距离确定圆弧端点C)

指定圆弧的端点或

[角度(A)/圆心(CE)/闭合(CL)/方向(D)/半宽(H)/直线(L)/半径(R)/第二个点(S)/放弃(U)/宽度(W)]:l↙

指定下一点或[圆弧(A)/闭合(C)/半宽(H)/长度(L)/放弃(U)/宽度(W)]:400↙(确定D点)

指定下一点或[圆弧(A)/闭合(C)/半宽(H)/长度(L)/放弃(U)/宽度(W)]:a↙

指定圆弧的端点或

[角度(A)/圆心(CE)/闭合(CL)/方向(D)/半宽(H)/直线(L)/半径(R)/第二个点(S)/放弃(U)/宽度(W)]:cl↙(闭合多段线)

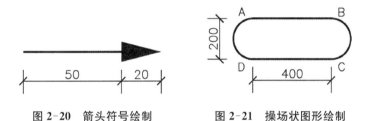

图2-20　箭头符号绘制　　　图2-21　操场状图形绘制

# 2.6　绘制曲线类对象

曲线类对象包括圆和圆弧、椭圆和椭圆弧、圆环、样条曲线、修订云线等。

## 2.6.1　绘制圆

"圆"命令的调用方式有:

(1) 命令行:CIRCLE(命令缩写为C)

(2) 菜单栏:【绘图】菜单→"圆"命令

(3) 【绘图】工具栏→"圆"按钮

执行"圆"命令后,AutoCAD命令行提示:

命令:circle↙

指定圆的圆心或[三点(3P)/两点(2P)/切点、切点、半径(T)]:(输入点的坐标后按【Enter】键或用鼠标取点)

指定圆的半径或[直径(D)]:(输入半径数值后按【Enter】键;选项(D)用于输入直径数

值)

说明：默认情况下使用指定圆心和半径的方法绘制圆；选项(3P)是通过输入圆上三点确定圆；选项(2P)是通过输入圆直径的两个端点确定圆；选项(T)是通过指定圆与其他对象的两个切点和半径确定圆。图 2-22 为通过输入圆上三点确定圆。

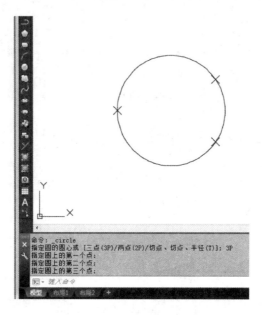

图 2-22　通过圆上三点绘制圆

**【例 2-6】**　绘制如图 2-23 所示的各种圆，其中直线 ABC 水平，各圆之间相切。

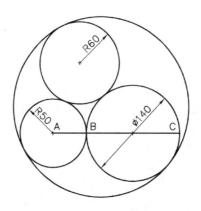

图 2-23　绘制各种圆

具体操作步骤如下：

(1) 打开"对象捕捉"按钮，并勾选"端点""交点"及"切点"的捕捉模式。

(2) 执行"圆"命令，使用指定圆心和半径的方法，以 A 点为圆心、50 为半径画圆。

(3) 执行"圆"命令，使用指定直径上两个端点的方法(2P 选项)，利用"端点"及"交点"捕捉，以 B 点、C 点为直径的两端点画圆。

(4) 执行"圆"命令，使用指定圆与其他对象的两个切点和半径的方法(T 选项)，利用

"切点"捕捉，以半径 60 画圆。

（5）执行"圆"命令，使用指定圆与其他对象的三个切点的方法（相切、相切、相切命令选项），利用"切点"捕捉，通过已有三个圆上的三个切点画圆。

### 2.6.2　绘制圆弧

"圆弧"命令调用的方法有：

（1）命令行：ARC（命令缩写为 A）

（2）菜单栏：【绘图】菜单→"圆弧"命令

（3）【绘图】工具栏→"圆弧"按钮 ⌒

执行"圆弧"命令后，AutoCAD 命令行提示：

命令：arc↙

指定圆弧的起点或[圆心(C)]：（输入点的坐标后按【Enter】键或用鼠标取点；选项(C)指定圆弧的圆心）

指定圆弧的第二个点或[圆心(C)/端点(E)]：（输入点的坐标后按【Enter】键或用鼠标取点；选项(C)指定圆弧的圆心；选项(E)指定圆弧的端点）

指定圆弧的端点：（输入点的坐标后按【Enter】键或用鼠标取点）

说明：默认情况下通过指定三点来绘制圆弧，也可以通过指定圆心、起点、端点、半径、角度、弦长和方向值等各种组合来绘制圆弧。图 2-24 是通过指定起点、圆心、终点绘制圆弧。需注意的是，除三点绘制外，其他情况均为从起点到终点逆时针绘制圆弧。

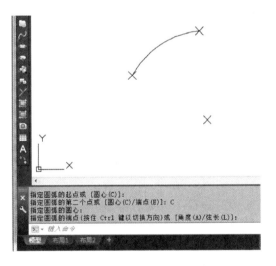

图 2-24　通过指定起点、圆心、终点绘制圆弧

### 2.6.3　绘制椭圆和椭圆弧

"椭圆"和"椭圆弧"命令调用的方法有：

（1）命令行：ELLIPSE（命令缩写为 EL）

（2）菜单栏:【绘图】菜单→"椭圆"命令

（3）【绘图】工具栏→"椭圆"按钮 ⬭ 和"椭圆弧"按钮 ⤾

执行"椭圆"命令后,AutoCAD 命令行提示:

命令:ellipse↙

指定椭圆的轴端点或［圆弧（A）/中心点（C）］:（输入点的坐标后按【Enter】键或用鼠标取点）

指定轴的另一个端点:（输入点的坐标后按【Enter】键或用鼠标取点）

指定另一条半轴长度或［旋转（R）］:（输入点的坐标后按【Enter】键或用鼠标取点）

说明:椭圆弧的绘制是先确定椭圆弧所在的椭圆（如图 2-25）,然后指定椭圆弧的起点和终点（如图 2-26）来绘制的。注意,椭圆弧也是从起点到终点按逆时针绘制的。

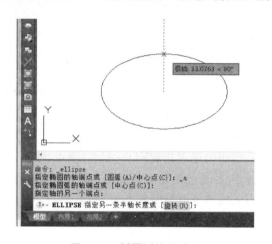

图 2-25　椭圆弧绘制过程

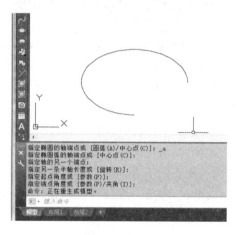

图 2-26　椭圆弧最终图形

### 2.6.4　绘制圆环

"圆环"命令调用的方法有:

（1）命令行:DONUT（命令缩写为 DO）

（2）菜单栏:【绘图】菜单→"圆环"命令

执行"圆环"命令后,AutoCAD 命令行提示:

命令:donut↙

指定圆环的内径<0.5000>:（输入内径数值）

指定圆环的外径<1.0000>:（输入外径数值）

指定圆环的中心点或<退出>:（输入点的坐标后按【Enter】键或用鼠标取点）

指定圆环的中心点或<退出>:（直接按【Enter】键结束命令）

说明:圆环为实体填充环,即带有宽度的闭合多段线。可以连续绘制具有相同内外径的圆环。如果圆环的内径设为零,则此圆环将变为一个实心圆,常用来绘制钢筋断面,如图 2-27 所示。

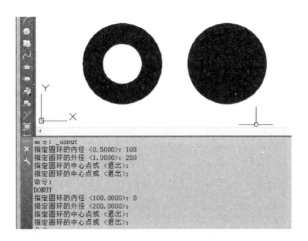

图 2-27　空心圆环与实心圆环

### 2.6.5　绘制样条曲线

样条曲线是经过或接近一系列给定点的光滑曲线,可以控制曲线与点的拟合程度,常用来绘制波浪线,其命令调用的方法有:

(1) 命令行:SPLINE(命令缩写为 SPL)

(2) 菜单栏:【绘图】菜单→"样条曲线"命令

(3)【绘图】工具栏→"样条曲线"按钮 ～

执行"样条曲线"命令后,AutoCAD 命令行提示:

命令:spline

当前设置:方式=拟合　节点=弦

指定第一个点或[方式(M)/节点(K)/对象(O)]:(输入点的坐标后按【Enter】键或用鼠标取点)

输入下一个点或[起点切向(T)/公差(L)]:(输入点的坐标后按【Enter】键或用鼠标取点;选项(T)指定起点切向;选项(L)输入拟合公差)

输入下一个点或[端点相切(T)/公差(L)/放弃(U)]:

输入下一个点或[端点相切(T)/公差(L)/放弃(U)/闭合(C)]:

输入下一个点或[端点相切(T)/公差(L)/放弃(U)/闭合(C)]:

输入下一个点或[端点相切(T)/公差(L)/放弃(U)/闭合(C)]:(按【Enter】键或右键确认,结束绘制)

说明:公差表示样条曲线拟合时所指定的拟合点集的拟合精度。公差越小,样条曲线与拟合点越接近。公差为 0,样条曲线将通过该点。在绘制样条曲线时,可以改变样条曲线拟合公差以查看效果。图 2-28 为一经过 5 点公差为 0 的样条曲线,曲线经过各点,需注意的是起点切向和端点切向对样条曲线两端形状影响很大。

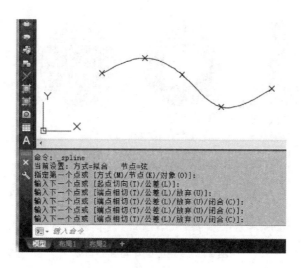

图 2-28 样条曲线的绘制

### 2.6.6 绘制修订云线

在 AutoCAD 中圈阅图形经常要用修订云线表明要修改的区域,以便协同工作,其命令调用的方法有:

(1) 命令行:REVCLOUD

(2) 菜单栏:【绘图】菜单→"修订云线"命令

(3)【绘图】工具栏→"修订云线"按钮

执行"修订云线"命令后,AutoCAD 命令行提示:

命令:revcloud↙

最小弧长:1 最大弧长:1 样式:普通 类型:徒手画

指定第一个点或[弧长(A)/对象(O)/矩形(R)/多边形(P)/徒手画(F)/样式(S)/修改(M)]<对象>:(指定云线起始点;选项(A)指定云线弧长;选项(O)将某图形对象转换成云线;选项(S)指定云线样式)

沿云线路径引导十字光标...

修订云线完成。

说明:"修订云线"命令执行后直接拖到鼠标即可绘制云线,当光标接近起点时云线自动闭合,命令结束。也可按空格键或【Enter】键强制结束绘制,此时云线可为开口形状。云线的样式分为"手绘云线"和"普通云线"两种,手绘云线弧形的宽度有变化,更接近手工绘制的样式,如图 2-29 所示(内为普通云线,外为手绘云线)。

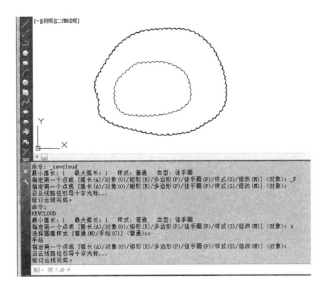

图 2-29　手绘云线与普通云线

# 2.7　绘制矩形和正多边形

## 2.7.1　绘制矩形

"矩形"命令调用的方法有：

（1）命令行：RECTANG（命令缩写为 REC）

（2）菜单栏：【绘图】菜单→"矩形"命令

（3）【绘图】工具栏→"矩形"按钮 $\square$

执行"矩形"命令后，AutoCAD 命令行提示：

命令：rectang↙

指定第一个角点或［倒角（C）/标高（E）/圆角（F）/厚度（T）/宽度（W）］：（输入点的坐标后按【Enter】键或用鼠标取点）

指定另一个角点或［面积（A）/尺寸（D）/旋转（R）］：（输入点的坐标后按【Enter】键或用鼠标取点）

说明：倒角（C）选项用于设置矩形的倒角距离；标高（E）选项用于指定矩形的标高；圆角（F）选项用于指定矩形的圆角半径；厚度（T）选项用于指定矩形在垂直矩形方向的厚度；宽度（W）选项用于为要绘制的矩形指定多段线的宽度。图 2-30 为圆角矩形的绘制。

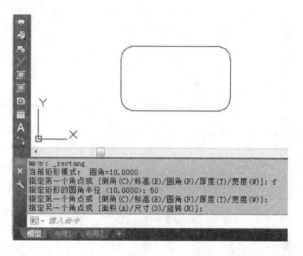

图 2-30　圆角矩形的绘制

### 2.7.2　绘制正多边形

AutoCAD 的正多边形命令可以绘制 3～1024 条边的正多边形,其命令调用的方法有:

(1) 命令行:POLYGON(命令缩写为 POL)

(2) 菜单栏:【绘图】菜单→"正多边形"命令

(3)【绘图】工具栏→"正多边形"按钮 ⬠

执行"正多边形"命令后,AutoCAD 命令行提示:

命令:polygon↙

输入边的数目＜3＞:(输入正多边形边数)

指定正多边形的中心点或[边(E)]:(输入点的坐标后按【Enter】键或用鼠标取点)

输入选项[内接于圆(I)/外切于圆(C)]＜I＞:(选择外接圆或内切圆)

指定圆的半径:(输入圆的半径后按【Enter】键或用鼠标指定一个端点)

说明:通过指定外接圆绘制正多边形的方法适用于已知圆半径和正多边形的一个顶点;通过指定内切圆绘制正多边形的方法适用于已知圆半径和正多边形的一个边的中点;如果已确定正多边形的一条边的长度和位置,可通过直接指定这条边绘制正多边形。

【例 2-7】　绘制边长为 100 的正六边形及其外接圆,并绘制圆的外接正五边形,如图 2-31 所示。

具体操作步骤如下:

(1) 打开"对象捕捉"并设置捕捉模式为"端点"及"圆心"。

(2) 执行"正多边形"命令,输入边的数目为 6,通过指定一条边的方法(E 选项),先指定 B 点,再指定 A 点,逆时针绘制正六边形。

(3) 执行"圆"命令,通过指定圆上任意三点的方法,利用对象捕捉选择正六边形上任意三个端点,绘制其外接圆。

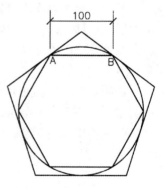

图 2-31　绘制正五边形与圆

（4）执行"正多边形"命令，输入边的数目为 5，捕捉圆心作为正多边形的中心点（缺省选项），然后选择外切于圆选项（选项 C），利用对象捕捉与圆的交点绘制正五边形。

## 2.8  查询工具

AutoCAD 2016 提供了多种查询工具供用户使用，可以查询点坐标、距离、半径、面积等图形对象信息。

### 2.8.1  查询点坐标

查询"点坐标"命令调用的方法有：
（1）命令行：ID
（2）菜单栏：【工具】菜单→"查询"→"点坐标"命令
（3）【查询】工具栏→"定位点"按钮

执行查询"点坐标"命令后，直接捕捉要查询的点即可在命令行显示其 X、Y、Z 坐标值，图 2-32 即为查询正五边形左下端点坐标的方法。实际上，在状态栏的坐标区也可显示此点的坐标，使用 ID 命令的优点是可将坐标值作为文本表示和处理。

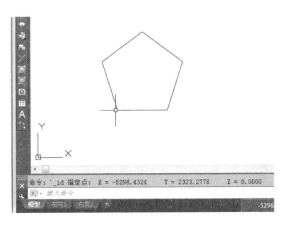

图 2-32  查询点坐标

### 2.8.2  查询距离

查询"距离"命令调用的方法有：
（1）命令行：DIST
（2）菜单栏：【工具】菜单→"查询"→"距离"命令
（3）【查询】工具栏→"距离"按钮

执行查询"距离"命令后,直接捕捉要查询线段的两个端点即可在命令行显示两点的距离、X方向增量、Y方向增量、Z方向增量、XY平面中的倾角、与XY平面的夹角等信息。图2-33即为查询正五边形边长的方法。

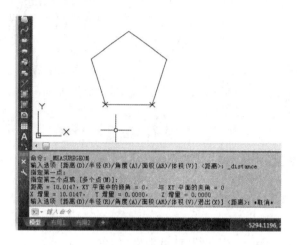

图 2-33 查询距离

### 2.8.3 查询面积

查询"面积"命令调用的方法有:

(1) 命令行:AREA

(2) 菜单栏:【工具】菜单→"查询"→"面积"命令

执行查询"面积"命令后,AutoCAD命令行提示:

指定第一个角点或[对象(O)/增加面积(A)/减少面积(S)/退出(X)]<对象(O)>:

用户可根据需要选择相应选项来查询指定图形对象的面积和周长信息。图2-34即为查询正五边形面积方法,同时也给出了其周长的数值大小。

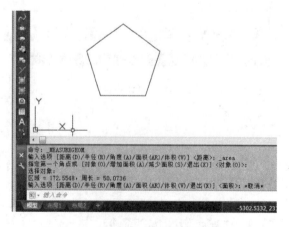

图 2-34 查询面积

### 2.8.4　列表查询

"列表"查询命令可同时显示图形对象的各种特性,其命令调用的方法有:

(1) 命令行:LIST

(2) 菜单栏:【工具】菜单→"查询"→"列表"命令

(3)【查询】工具栏→"列表"按钮 ⬚

执行"列表"查询命令后,根据命令行的提示选定要查询的图形对象,AutoCAD 将以列表的方式显示对象类型、对象图层、面积、周长以及相对于当前用户坐标系的坐标等信息。图 2-35 为"列表"查询正五边形特性信息。

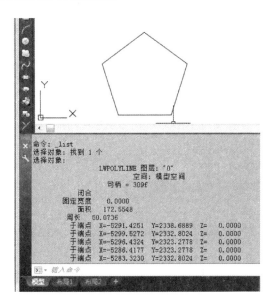

**图 2-35　正五边形特性信息列表**

### 2.8.5　综合查询工具

综合查询命令"MEASUREGEOM"(命令缩写为"MEA")是上述各种查询命令的综合,可查询图形对象的距离、半径、角度、面积、体积等。

执行"综合查询"命令后,AutoCAD 命令行提示:

命令:measuregeom↙

输入选项[距离(D)/半径(R)/角度(A)/面积(AR)/体积(V)]<距离>:

此时用户可输入相应的选项来查看图形对象不同的信息,图 2-36 为使用此命令查询正五边形的顶角度数为 108°。

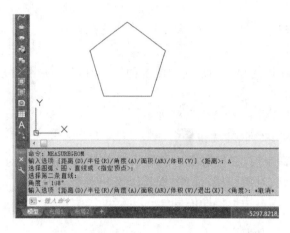

图 2-36　查询角度

### 2.8.6　重画

"重画"命令可以刷新当前视口中的显示对象,主要功能是从当前视口中删除编辑命令留下的点标记,其命令调用的方法有:

(1) 命令行:REDRAW

(2) 菜单栏:【视图】菜单→"重画"命令

### 2.8.7　重生成

"重生成"命令用于将当前视口中的整个图形重生成,重新计算所有对象的屏幕坐标,并重新创建图形数据库索引,从而优化显示和对象选择的性能。例如在使用缩放命令时,理论上 AutoCAD 可无限制缩放,但由于数据存储等限制导致实际缩放超过某一比例时将不能继续缩放,此时可使用重生成命令重建图形数据库索引,才能进行进一步的缩放。"重生成"命令调用的方法有:

(1) 命令行:REGEN

(2) 菜单栏:【视图】菜单→"重生成"命令

### 复习思考题

**一、填空题**

1. "正交"模式开关的快捷键是_____,"对象捕捉"模式开关的快捷键是_____。

2. 多线的对正方式分为上对正、_____和_____。

3. 波浪线可以使用_____命令绘制。

4. 查询两点间的距离可用_____命令和_____命令。

**二、上机操作题**(以下习题仅要求绘制图形,不要求标注尺寸)

1. 绘制图 2-37 所示的组合图形。

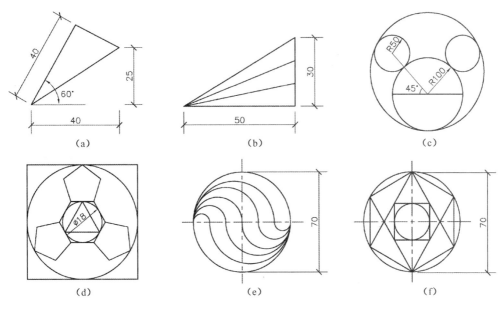

图 2-37　组合图形

2. 在图 2-38(a)所示半圆弧上绘制 30°角等分线形成图 2-38(b)。

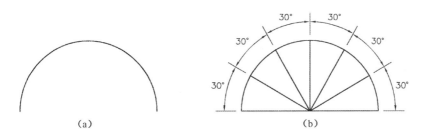

图 2-38　圆弧等分线

3. 用多段线绘制图 2-39 所示钢筋图(线宽 10)。

4. 用样条曲线绘制图 2-40 所示的波浪线。

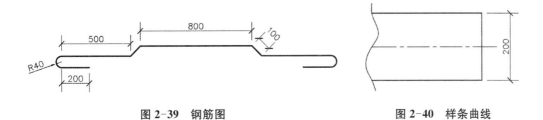

图 2-39　钢筋图　　　　　　　　　图 2-40　样条曲线

# 3　二维编辑命令

在工程设计中,仅仅使用绘图命令或绘图工具无法绘制复杂的工程图,很多情况下必须借助于图形编辑命令。AutoCAD 2016 提供了丰富的二维图形对象编辑功能,如复制、镜像、偏移、阵列、移动、旋转、缩放以及修剪等。使用这些命令,可以快速修改图形对象的大小、形状、位置和特性等,轻松、高效地构造出复杂的图形。

## 3.1　图形对象的选择

### 3.1.1　对象选择模式的设置

选择要编辑的图形对象,即构造选择集。选择集是被修改对象的集合,它可以包含单个对象,也可以包含多个对象的组合。用户可以通过以下方法调用"选项"对话框调整对象选择模式的参数设置。

(1) 选择菜单栏中的【工具】→"选项"命令。

(2) 在命令行中输入 OPTION,并按【Enter】键。

(3) 单击鼠标右键,在弹出的快捷菜单中选择"选项"。

点击选择【选项】对话框的【选择集】选项卡,可以设置选择对象的各个选项,如图 3-1 所示。该对话框中各选项的主要功能说明如下:

(1)"拾取框大小"选项区域

拾取框是在执行编辑命令时鼠标光标的显示,通过左右拉动滑块,可以调整拾取框的大小。

(2)"选择集模式"选项区域

各个复选框用来设置对象的选择模式。主要功能为:

"先选择后执行"复选框:是否允许调用命令时,对调用命令之前选择的对象或选择集产生影响。默认选择此复选框。

"用 Shift 键添加到选择集"复选框:是否允许按【Shift】键并选择对象时,可以向选择集中添加对象或从选择集中删除对象。控制后续选择项是替换当前选择集还是添加到其中。

"对象编组"复选框:是否允许选择编组中的一个对象就选择了编组中的所有对象。将PICKSTYLE 系统变量设置为 1,也可以设置此选项。

"关联图案填充"复选框:若选择该项,则选择了关联填充的图案对象时也选定边界对象。也可以将 PICKSTYLE 系统变量设置为 2 来设置此选项。

图 3-1 【选项】对话框中【选择集】选项卡

"隐含选择窗口中的对象"复选框：是否允许在对象外选择了一点时，初始化选择窗口中的图形。从左向右绘制选择窗口将选择完全处于窗口边界内的对象，从右向左绘制选择窗口将处于窗口边界内及与边界相交的对象。

"允许按住并拖动对象"复选框：是否允许通过选择一点然后按住鼠标拖动至第二点来绘制选择窗口。如果未选择此选项，则可以选择两个单独的点来绘制选择窗口。

（3）"夹点尺寸"选项区域

被选中的对象上会显示一些小方块，称为夹点，该选项用来控制夹点的显示尺寸。滑动滑块可以调整夹点的大小。

（4）"夹点"选项区域

夹点颜色：点击显示"夹点颜色"对话框，可以在其中指定不同夹点状态和元素的颜色。

此区域还有"显示夹点""在块中显示夹点""显示夹点提示"等复选框，可以设置夹点的各种显示状态。

选择对象时限制显示的夹点数：当初始选择集中的对象多于指定数目时，抑制夹点的显示。有效值的范围从 1～32 767，默认值设置为 100。

（5）"选择集预览"选项区域

控制激活或未激活命令时，当拾取框光标滚动过对象时，对象是否亮显。打开【视觉效果设置】对话框，可以控制选择预览的外观。

### 3.1.2 点选

通常，在执行编辑命令之后，系统会提示"选择对象："，同时光标变成拾取框，把拾取框放在绘图窗口中要选择的对象的位置，单击鼠标左键，AutoCAD 将用虚线亮显所选的对象，如图 3-2 所示。每次单击鼠标左键只能选取一个对象，使用此方法可连续选择多个对象。

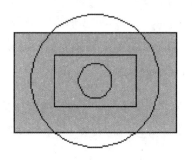

图 3-2　显示所选对象

### 3.1.3　窗口选择

在 AutoCAD 中，可以通过绘制一个矩形区域来选择对象，并根据矩形区域绘制时方向的不同分为窗口选择和交叉窗口选择两种方式。

采用窗口选择方式时，从左到右拖动光标，指定对角点来定义矩形区域，矩形窗口以实线显示。此时，只有完全包括在矩形窗口内的对象才能被选中，不在该窗口内或只有部分在该窗口内的对象则不会被选中。图 3-3 为由左向右拉出的矩形框选对象时的状态；图 3-4 为选择后的状态，仅中间的圆以及矩形被选中。

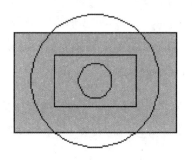
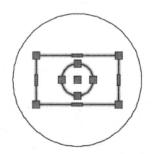

图 3-3　选择时的状态图　　　　　　图 3-4　窗口选择后的状态

### 3.1.4　交叉窗口选择

采用交叉窗口方式选择对象时，从右向左拖动光标，指定对角点来定义矩形区域，矩形窗口以虚线显示，此时，完全包括在矩形窗口内以及与矩形窗口相交的对象都会被选中。图 3-5 为由右向左拉出的矩形框选对象时的状态；图 3-6 为选择后的状态，三个对象都被选中。

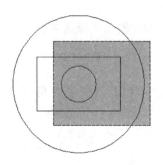
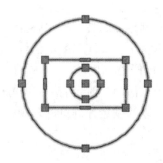

图 3-5　选择时的状态　　　　　　　图 3-6　交叉窗口选择后的状态

### 3.1.5 其他选择方式

1) 过滤选择

过滤选择可以根据对象特性和对象类型作为过滤条件来构造选择集。在 AutoCAD 2016 中,如果需要在复杂图形中选择某个指定对象,可以采用过滤选择集的方法进行选择。

调用对象选择过滤器命令的方法为:

在命令行中输入 FILTER 或 FI,并按【Enter】键。系统弹出【对象选择过滤器】对话框,如图 3-7 所示。可以对象的类型(如直线、圆及圆弧等)、图层、颜色、线型或线宽等特性作为条件,过滤选择符合设定条件的对象。此时必须考虑图形中对象的这些特性是否设置为随层。

图 3-7 【对象选择过滤器】对话框　　图 3-8 "过滤选择"素材文件

【例 3-1】 在 AutoCAD 2016 中绘制一个图形,如图 3-8 所示,应用过滤选择的方法选择图形中的圆和椭圆。

操作步骤如下:

(1) 在当前图形界面的命令行中输入 FILTER 命令,并按【Enter】键确认。

(2) 系统弹出图 3-7 所示的【对象选择过滤器】对话框。在"选择过滤器"下拉列表框中选择"＊＊开始 OR",并单击"添加到列表"按钮,该条件被添加到过滤器列表中,如图 3-9 所示。

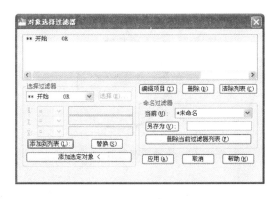

图 3-9 选择"＊＊开始 OR"选项

图 3-10 添加"圆"选项

（3）在"选择过滤器"选项组的下拉列表框中选择"圆"，并单击"添加到列表"按钮，结果如图 3-10 所示。使用同样的方法，将"椭圆"选项添加到过滤器列表中。

（4）在"选择过滤器"选项组中的下拉列表框中选择"＊＊结束 OR"，并单击"添加到列表"按钮，该条件被添加到过滤器列表中，如图 3-11 所示。

（5）单击"应用"按钮，在绘图窗口中用窗口方式选择整个图形对象，此时满足条件的对象将被选中，如图 3-12 所示。

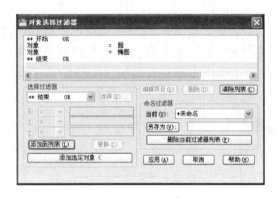

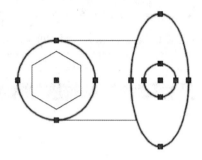

图 3-11　选择"＊＊结束 OR"选项　　　　　　图 3-12　过滤选择后的效果

2）编组

在 AutoCAD 2016 中，创建和管理已保存的对象集（称为编组）。编组提供以组为单位操作图形对象的简单方法。默认情况下，选择编组中任意一个对象即选中了该编组中的所有对象，并可以像修改单个对象那样移动、复制、旋转和修改编组。

在命令行中输入 GROUP 或 G，并按【Enter】键，即可执行编组命令，此时命令行提示"选择对象或［名称(N)/说明(D)］:"。

用户可以直接选择要编组的图形对象，也可输入"N"对要编组的对象进行命名，或者输入"D"对所选对象编组进行说明描述。

【例 3-2】　在 AutoCAD 2016 中绘制图 3-14 所示的图形，将多个对象创建编组。

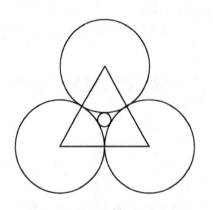

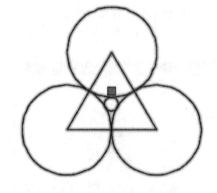

图 3-13　"对象编组"素材文件　　　　　　图 3-14　选择所有对象

操作步骤如下：

命令：group↙

选择对象或[名称(N)/说明(D)]:N

输入编组名或[?]:组合圆

选择对象或[名称(N)/说明(D)]:指定对角点:找到 7 个,1 个编组(选择所有图形)

此时只要选择组合圆中任意一个对象即可选择该编组的所有对象,如图 3-14 所示。

### 3.1.6 快速选择

在 AutoCAD 中,当需要选择具有某些共同特性的对象时,可利用【快速选择】对话框,根据对象的图层、线型、颜色、图案填充等特性和类型创建选择集。

调用快速选择命令的方法有:

(1) 选择菜单栏中的【工具】→"快速选择"命令。

(2) 单击【常用】标签→"实用工具"面板→"快速选择"按钮 。

(3) 在命令行中输入 QSELECT,并按【Enter】键。

(4) 单击鼠标右键,在弹出的快捷菜单中选择"快速选择"。

采用上述任何一种方式执行"快速选择"命令后,即可打开【快速选择】对话框,如图 3-15 所示。

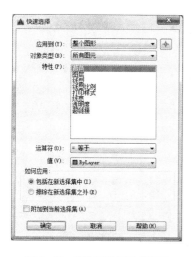

图 3-15 【快速选择】对话框

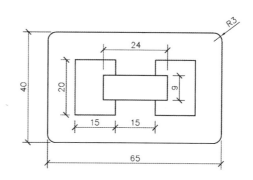

图 3-16 "快速选择"素材文件

该对话框中各选项的主要功能说明如下:

①"应用到"下拉列表

将过滤条件应用到整个图形或当前选择集。单击右侧的"选择对象"按钮,可以通过在图形窗口上拉出矩形窗口或单击对象来确定快速选择范围。

②"对象类型"下拉列表

指定要包含在过滤条件中的对象类型,如直线、圆、多段线等。如果过滤条件应用于整个图形,则"对象类型"列表包含全部对象类型。否则,该列表只包含选定对象的对象类型。

③"特性"列表

列出了"对象类型"下拉列表中所选实体类型的所有属性,可以通过对象的特性和类型创建选择集。

④"运算符"下拉列表

指定逻辑运算符，如"大于""等于""小于"等。

⑤"值"下拉列表

用于设置过滤的条件值。指定相应的图层、颜色、线型等。

⑥"如何应用"选项区

用于选择应用范围。指定是将符合给定过滤条件的对象包括在新选择集内，还是排除在新选择集之外。

⑦"附加到当前选择集"复选框

指定用快速选择命令创建的选择集是替换当前的选择集，还是附加到当前选择集中。

【例 3-3】 在 AutoCAD 2016 中绘制图 3-16 所示的素材文件，应用快速选择的方法选择图形中的尺寸标注。操作步骤如下：

(1) 在当前图形界面的命令行中输入 QSELECT 命令，并按【Enter】键确认，系统弹出图 3-15 所示的【快速选择】对话框。

(2) 在【快速选择】对话框中进行如下设置：在"应用到"下拉列表框中选择"整个图形"，在"特性"列表框中选择"图层"，在"值"下拉列表框中选择"尺寸"，如图 3-17 所示。

(3) 单击"确定"按钮，即可选择所有"尺寸"图层中的图形对象，如图 3-18 所示。命令行显示"已选定 8 个项目"。

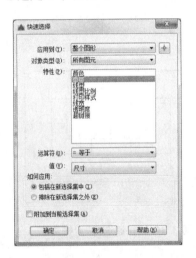

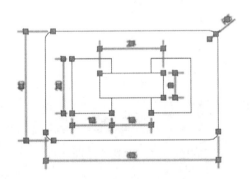

图 3-17 在【快速选择】对话框中设置参数　　　图 3-18 快速选择后的效果

## 3.2 基本编辑命令

在 AutoCAD 2016 中进行图形对象编辑时，可以先选择对象再进行编辑，也可以执行编辑命令后再选择目标对象，两种方法的执行结果相同。

### 3.2.1  删除与恢复

1）删除

命令功能：删除一个或多个对象。

调用删除命令的方法如下：

（1）选择菜单栏中的【修改】→"删除"命令。

（2）单击【修改】工具栏→"删除"按钮 ◢ 。

（3）在命令行中输入 ERASE 或 E，并按【Enter】键。

采用上述任何一种方式执行"删除"命令后，选择要删除的图形对象，再按【Enter】键或点击鼠标右键结束此命令，则选中的对象都被删除。用户也可先选择对象后，再使用【Delete】键删除图形对象。

2）恢复

命令功能：在执行删除命令后，不退出当前图形，撤销被删除的图形对象。

调用恢复命令的方法如下：

（1）选择菜单栏中的【编辑】→"放弃"命令。

（2）单击【快速访问】工具栏中的"放弃"按钮 ⬅ 。

（3）在命令行中输入 UNDO 或 U，并按【Enter】键。

采用上述任何一种方式执行"恢复"命令后，可以恢复被删除的对象。

### 3.2.2  复制与镜像

1）复制

命令功能：将选择的对象按指定方向或距离复制一个或多个，完全独立于源对象。

调用复制命令的方法如下：

（1）选择菜单栏中的【修改】→"复制"命令。

（2）单击【修改】工具栏→"复制"按钮 ⬚ 。

（3）在命令行中输入 COPY 或 CO，并按【Enter】键。

【例3-4】  在 AutoCAD 2016 的绘图窗口绘制如图 3-19(a)所示的图形，用复制命令在指定位置绘制相同半径的圆，如图 3-19(b)所示。

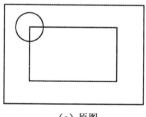
（a）原图

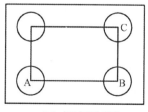
（b）复制后的图形

图 3-19  复制图形

53

操作步骤如下：

命令：copy✓

选择对象：(拾取圆)

选择对象：✓(回车结束选择对象)

当前设置：复制模式＝多个

指定基点或[位移(D)/模式(O)]＜位移＞：(选择圆的圆心为复制的基点)

指定第二个点或[阵列(A)]＜使用第一个点作为位移＞：(将光标放在矩形左下角的角点上，待捕捉端点符号出现时，拾取 A 点)

指定第二个点或[阵列(A)/退出(E)/放弃(U)]＜退出＞：(方法同上，拾取 B 点)

指定第二个点或[阵列(A)/退出(E)/放弃(U)]＜退出＞：(方法同上，拾取 C 点)

指定第二个点或[阵列(A)/退出(E)/放弃(U)]＜退出＞：✓(回车结束命令)

其中各选项含义说明如下：

① 指定基点

确定复制后插入时的参考点，此内容为默认选项。

② 位移(D)

根据位移量复制对象。执行该选项，AutoCAD 提示：

指定位移：

如果在此提示下输入坐标值(直角坐标或极坐标)，AutoCAD 将所选择对象按与各坐标值对应的坐标分量作为位移量复制对象。

③ 模式(O)

确定复制模式。执行该选项，AutoCAD 提示：

输入复制模式选项[单个(S)/多个(M)]＜多个＞：

其中，"单个(S)"选项表示执行 COPY 命令后只能对选择的对象执行一次复制，而"多个(M)"选项表示可以多次复制，AutoCAD 默认为"多个(M)"。

2) 镜像

命令功能：创建轴对称图形。源对象可以删除，亦可以保留。

调用镜像命令的方法如下：

(1) 选择菜单栏中的【修改】→"镜像"命令。

(2) 单击【修改】工具栏→"镜像"按钮 ▲ 。

(3) 在命令行中输入 MIRROR 或 MI，并按【Enter】键。

采用上述任何一种方式执行"镜像"命令后，命令提示选择对象，然后指定镜像的对称轴线，按照给定的轴线进行对称复制，最后指定是否删除源对象。

【例 3-5】 在 AutoCAD 2016 的绘图窗口绘制一个图形，如图 3-20(a)所示，用镜像命令在指定位置绘制出如图 3-20(c)所示的相同图形。

操作步骤如下：

命令：mirror✓

选择对象：(用窗交选择对象，指定窗交的第一点 A)

指定对角点：(指定窗交选择的第二点 B，如图 3-20(b)所示)

选择对象：✓

指定镜像线的第一点:(确定镜像线上的第一点 C)

指定镜像线的第二点:(确定镜像线上的另一点 D)

是否删除源对象?[是(Y)/否(N)]<N>:↙(指定是否删除源对象,直接回车接受默认选项)

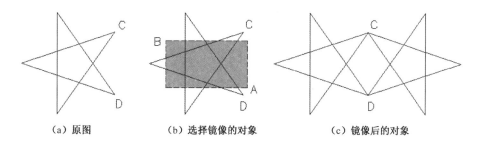

（a）原图　　　　　（b）选择镜像的对象　　　　　（c）镜像后的对象

图 3-20　镜像对象

### 3.2.3　偏移与阵列

1）偏移

命令功能:根据指定距离,或通过指定点创建一个与选定对象平行或保持等距离的新对象。

调用偏移命令的方法如下:

（1）选择菜单栏中的【修改】→"偏移"命令。

（2）单击【修改】工具栏→"偏移"按钮 ⫸。

（3）在命令行中输入 OFFSET 或 O 命令,并按【Enter】键。

【例 3-6】　在 AutoCAD 2016 的绘图窗口绘制一个圆和一条直线,如图 3-21(a)所示,按指定的距离 5 创建同心圆和平行直线,如图 3-21(b)所示。

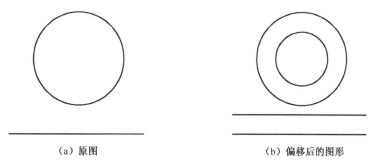

（a）原图　　　　　　　　　　（b）偏移后的图形

图 3-21　偏移图形

操作步骤如下:

命令:offset↙

当前设置:删除源=否　图层=源　OFFSETGAPTYPE=0

指定偏移距离或[通过(T)/删除(E)/图层(L)]<通过>:5↙(指定偏移的距离)

选择要偏移的对象,或[退出(E)/放弃(U)]<退出>:(选择图 3-21(a)的直线)

指定要偏移的那一侧上的点,或[退出(E)/多个(M)/放弃(U)]<退出>:(拾取直线上

侧的任一点,表示指定要偏移的一侧)

选择要偏移的对象,或[退出(E)/放弃(U)]<退出>:(选择图3-21(a)的圆)

指定要偏移的那一侧上的点,或[退出(E)/多个(M)/放弃(U)]<退出>:(拾取圆内部任一点,表示指定要偏移的一侧)

选择要偏移的对象,或[退出(E)/放弃(U)]<退出>:↙

命令行中各选项的含义如下:

(1) 指定偏移距离

根据偏移距离偏移复制对象。

(2) 通过(T)

使偏移复制后得到的对象通过指定的点。

(3) 删除(E)

实现偏移源对象后删除源对象。

(4) 图层(L)

确定将偏移对象创建在当前图层上还是源对象所在的图层上。

(5) 多个(M)

用于实现多次偏移复制。

2) 矩形阵列

命令功能:将选定的对象按行、列的方式进行有序排列。

通过以下方法调用阵列命令后,用户可以通过提示设置相应的参数完成矩形阵列。

(1) 选择菜单栏中的【修改】→"阵列"→"矩形阵列"命令。

(2) 单击【修改】工具栏→"阵列"按钮 ▦ 。

(3) 在命令行中输入 ARRSYRECT 并按【Enter】键。

【例3-7】 绘制如图3-22(a)所示的200×100的一个矩形,使其按行间距200和列间距400阵列成4行5列。操作步骤如下:

命令:arrsyrect↙

选择对象:↙(选择图3-22(a)的矩形,得到如图3-22(b)所示的图形,可以通过图中蓝色夹点改变行列数及行列间距,也可在命令行输入相应的选项进行参数设置)

类型=矩形 关联=是

选择夹点以编辑阵列或[关联(AS)/基点(B)/计数(COU)/间距(S)/列数(COL)/行数(R)/层数(L)/退出(X)]<退出>:

＊＊行数＊＊

指定行数:(将左上角夹点向上拖,改变为4行)

选择夹点以编辑阵列或[关联(AS)/基点(B)/计数(COU)/间距(S)/列数(COL)/行数(R)/层数(L)/退出(X)]<退出>:

＊＊列数＊＊

指定列数:(将右下角夹点向右拖,改变为5列)

选择夹点以编辑阵列或[关联(AS)/基点(B)/计数(COU)/间距(S)/列数(COL)/行数(R)/层数(L)/退出(X)]<退出>:s

指定列之间的距离或[单位单元(U)]<300>:400

指定行之间的距离<150>:200

选择夹点以编辑阵列或[关联(AS)/基点(B)/计数(COU)/间距(S)/列数(COL)/行数(R)/层数(L)/退出(X)]<退出>:↙(得到如图3-22(c)所示的结果图)

(a)　　　　　　　　(b)　　　　　　　　　　　　(c)

**图3-22　矩形阵列**

3）环形阵列

命令功能:将所选对象按指定的中心点进行环形排列。

通过以下方法调用阵列命令后,用户可以通过指定相应的参数完成矩形阵列。

(1) 选择菜单栏中的【修改】→"阵列"→"环形阵列"命令。

(2) 单击【修改】工具栏→"阵列"按钮 ▦ 旁边的倒三角,从弹出的菜单中选择"环形阵列" ▦ 。

(3) 在命令行中输入 ARRAYPOLAR 并按【Enter】键。

【例3-8】　绘制图3-23(a)所示半径为100的圆及圆上一条直线,使其绕圆心环形阵列10个项目形成如图3-23(c)所示。操作步骤如下:

命令:arraypolar↙

选择对象:找到1个(选择图3-23(a)中直线)

选择对象:↙(得到如图3-23(b)所示的图形,可以通过图中蓝色夹点改变填充角度、中心点及拉伸半径等,也可在命令行输入相应的选项进行参数设置)

类型=极轴　关联=是

指定阵列的中心点或[基点(B)/旋转轴(A)]:(选择圆心)

选择夹点以编辑阵列或[关联(AS)/基点(B)/项目(I)/项目间角度(A)/填充角度(F)/行(ROW)/层(L)/旋转项目(ROT)/退出(X)]<退出>:i

输入阵列中的项目数或[表达式(E)]<6>:10

选择夹点以编辑阵列或[关联(AS)/基点(B)/项目(I)/项目间角度(A)/填充角度(F)/行(ROW)/层(L)/旋转项目(ROT)/退出(X)]<退出>:↙(得到如图3-23(c)所示的结果图)

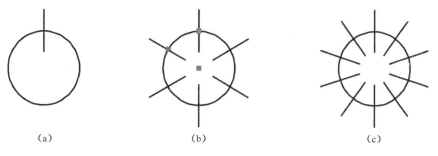

(a)　　　　　　　　(b)　　　　　　　　(c)

**图3-23　环形阵列**

4）路径阵列

命令功能：沿整个路径或部分路径平均分布对象副本。

通过以下方法调用阵列命令后，用户可以通过指定相应的参数完成路径阵列。

（1）选择菜单栏中的【修改】→"阵列"→"路径阵列"命令。

（2）单击【修改】工具栏→"阵列"按钮 ▦ 旁边的倒三角，从弹出的菜单中选择"路径阵列" ⟜。

（3）在命令行中输入 ARRAYPATH 并按【Enter】键。

【例 3-9】 绘制如图 3-24(a)所示的一个矩形和一段样条曲线，使矩形沿样条曲线路径等分阵列 6 个，形成图 3-24(f)所示的图形。

操作步骤如下：

命令：arraypath↙

选择对象：找到 1 个（选择图 3-24(a)中矩形）

选择对象：↙

类型＝路径 关联＝是

选择路径曲线：（选择样条曲线，得到如图 3-24(b)所示的图形，可以通过图中蓝色夹点进行编辑，也可在命令行输入相应的选项进行参数设置）

选择夹点以编辑阵列或［关联(AS)/方法(M)/基点(B)/切向(T)/项目(I)/行(R)/层(L)/对齐项目(A)/z 方向(Z)/退出(X)］＜退出＞：b

指定基点或［关键点(K)］＜路径曲线的终点＞：（指定矩形下边中点为基点，得到如图 3-24(c)所示的图形）

选择夹点以编辑阵列或［关联(AS)/方法(M)/基点(B)/切向(T)/项目(I)/行(R)/层(L)/对齐项目(A)/z 方向(Z)/退出(X)］＜退出＞：a

是否将阵列项目与路径对齐？［是(Y)/否(N)］＜是＞：n（根据题目要求选择不与路径对齐，得到如图 3-24(d)所示的图形）

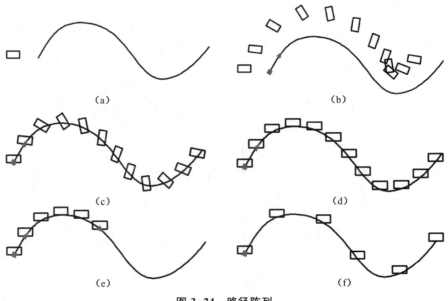

（a）

（b）

（c）

（d）

（e）

（f）

**图 3-24 路径阵列**

选择夹点以编辑阵列或[关联(AS)/方法(M)/基点(B)/切向(T)/项目(I)/行(R)/层(L)/对齐项目(A)/z方向(Z)/退出(X)]<退出>:i

指定沿路径的项目之间的距离或[表达式(E)]<98.2442>:↙

最大项目数=15

指定项目数或[填写完整路径(F)/表达式(E)]<15>:6(得到图3-24(e)所示的图形)

选择夹点以编辑阵列或[关联(AS)/方法(M)/基点(B)/切向(T)/项目(I)/行(R)/层(L)/对齐项目(A)/z方向(Z)/退出(X)]<退出>:m

输入路径方法[定数等分(D)/定距等分(M)]<定距等分>:d

选择夹点以编辑阵列或[关联(AS)/方法(M)/基点(B)/切向(T)/项目(I)/行(R)/层(L)/对齐项目(A)/z方向(Z)/退出(X)]<退出>:↙(得到图3-24(f)所示的结果图)

### 3.2.4 移动与旋转

1) 移动

命令功能:将选定的对象从一个位置移动到另一个位置,进行对象的重新定位,但方向和大小不改变。

调用移动命令的方法如下:

(1) 选择菜单栏中的【修改】→"移动"命令。

(2) 单击【修改】工具栏→"移动"按钮 ✛。

(3) 在命令行中输入 MOVE 或 M,并按【Enter】键。

采用上述任何一种方式执行"移动"命令后,选择移动的对象,然后指定位移的基点为矢量的第一点,再指定位移的第二点。

【例3-10】 在 AutoCAD 2016 的绘图窗口中绘制图3-25(a)所示的图形,将图中的圆由点 A 移到点 B,如图3-25(b)所示。

操作步骤如下:

命令:move↙

选择对象:(选择圆)

选择对象:↙

指定基点或[位移(D)]<位移>:(指定圆的圆心 A 作为位移的基点)

指定第二个点或<使用第一个点作为位移>:(指定正六边形顶点 B 作为位移的第二点)

说明:

(1) 如果在"指定第二个点:"提示下指定一点作为位移第二点,或直接按【Enter】键或【Space】键,将第一点的各坐标分量(也可以看成为位移量)作为移动位移量移动对象。

(2) 如果在"指定基点或[位移(D)]<位移>:"提示下输入"D",则系统提示:

指定位移<0.0000,0.0000,0.0000>:

如果在此提示下输入坐标值(直角坐标或极坐标),AutoCAD 将所选择对象按与各坐标值对应的坐标分量作为移动位移量移动对象。

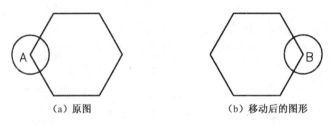

（a）原图　　　　　　　　（b）移动后的图形

图 3-25　移动对象

2）旋转

命令功能：将选定的对象通过一个基点按指定的角度进行旋转。

调用旋转命令的方法如下：

（1）选择菜单栏中的【修改】→"旋转"命令。

（2）单击【修改】工具栏→"旋转"按钮 〇。

（3）在命令行中输入 ROTATE 或 RO，并按【Enter】键。

【例 3-11】　在 AutoCAD 2016 的绘图窗口绘制一个图形，如图 3-26（a）所示，按一定要求将图形对象旋转成图 3-26（c）所示的图形。

操作步骤如下：

命令：rotate↙

UCS 当前的正角方向：ANGDIR＝逆时针　ANGBASE＝0

选择对象：（用窗交选择对象，先拾取点 A，再拾取点 B，如图 3-26（b）所示）

选择对象：↙

指定基点：（捕捉圆心点 O）

指定旋转角度，或［复制（C）/参照（R）］：-90↙

说明：

（1）指定旋转角度

输入角度值，AutoCAD 会将对象绕基点转动该角度。在默认设置下，角度为正时沿逆时针方向旋转，反之沿顺时针方向旋转。

（2）复制（C）

创建出旋转对象后仍保留原对象。

（3）参照（R）

以参照方式旋转对象。执行该选项，AutoCAD 提示：

指定参照角：（输入参照角度值）

指定新角度或［点（P）］＜0＞：（输入新角度值，或通过"点（P）"选项指定两点来确定新角度）

执行结果：AutoCAD 根据参照角度与新角度的值自动计算旋转角度（旋转角度＝新角度－参照角度），然后将对象绕基点旋转该角度。

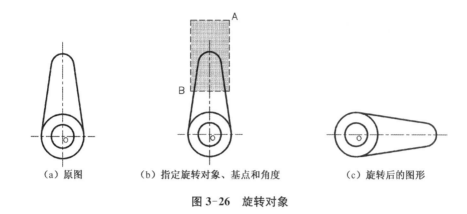

（a）原图　　　　　（b）指定旋转对象、基点和角度　　　　（c）旋转后的图形

图 3-26　旋转对象

### 3.2.5　缩放与拉伸

1）缩放

命令功能：将对象按比例进行缩小或放大。

调用缩放命令的方法如下：

（1）选择菜单栏中的【修改】→"缩放"命令。

（2）单击【修改】工具栏→"缩放"按钮 ▢。

（3）在命令行中输入 SCALE 或 SC，并按【Enter】键。

【例 3-12】　绘制如图 3-27（a）所示的矩形，使其缩小 1 倍形成图 3-27（b）所示的图形。

操作步骤如下：

命令：scale↙

选择对象：（选择矩形）

选择对象：↙

指定基点：（指定点 A 为基点）

指定比例因子或［复制（C）/参照（R）］：0.5↙

说明：

（1）指定比例因子

确定缩放比例因子，为默认项。执行该默认项，即输入比例因子后按【Enter】键或【Space】键，AutoCAD 将所选择对象根据该比例因子相对于基点缩放，且 0＜比例因子＜1 时缩小对象，比例因子＞1 时放大对象。

（2）复制（C）

创建出缩小或放大的对象后仍保留原对象。执行该选项后，根据提示指定缩放比例因子即可。

（3）参照（R）

将对象按参照方式缩放。执行该选项，AutoCAD 提示：

指定参照长度：（输入参照长度的值）

指定新的长度或［点（P）］：（输入新的长度值或通过"点（P）"选项通过指定两点来确定

长度值)

执行结果:AutoCAD根据参照长度与新长度的值自动计算比例因子(比例因子＝新长度值÷参照长度值),并进行对应的缩放。

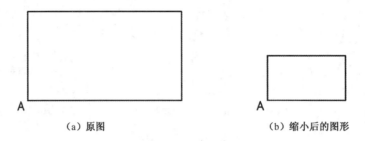

（a）原图　　　　　　　　　　（b）缩小后的图形

图 3-27　缩放对象

2）拉伸

命令功能:移动图形对象的指定部分,使其形状发生变化,同时保持与图形对象未移动部分相连接。

调用拉伸命令的方法如下:

(1) 选择菜单栏中的【修改】→"拉伸"命令。

(2) 单击【修改】工具栏→"拉伸"按钮 ▣。

(3) 在命令行中输入 STRETCH 或 S,并按【Enter】键。

【例 3-13】　绘制如图 3-28(a)所示的原图形,使其向右拉伸 1500mm 形成图 3-28(c)所示的图形。

操作步骤如下:

命令:stretch✓

以交叉窗口或交叉多边形选择要拉伸的对象...

选择对象:(用交叉窗口选择对象,先拾取点 A,再拾取点 B,如图 3-28(b)所示)

选择对象:✓

指定基点或[位移(D)]<位移>:(指定右下角的墙角为基点)

指定第二个点或<使用第一个点作为位移>:1500✓(打开正交,将光标水平向右移动,然后输入 1500)

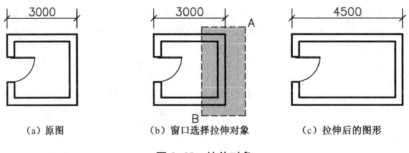

（a）原图　　　　　（b）窗口选择拉伸对象　　　　　（c）拉伸后的图形

图 3-28　拉伸对象

### 3.2.6 修剪与延伸

1）修剪

命令功能：按照指定的一个或多个对象边界裁剪对象，去除多余部分。

调用修剪命令的方法如下：

（1）选择菜单栏中的【修改】→"修剪"命令。

（2）单击【修改】工具栏→"修剪"按钮 ![按钮] 。

（3）在命令行中输入 TRIM 或 TR，并按【Enter】键。

采用上述任何一种方式执行"修剪"命令后，命令行提示：

选择剪切边…

选择对象或＜全部选择＞：（选择作为剪切边的对象）

选择对象：↙（还可以继续选择对象）

选择要修剪的对象，或按住 Shift 键选择要延伸的对象，或

［栏选（F）/窗交（C）/投影（P）/边（E）/删除（R）/放弃（U）］：

（1）选择要修剪的对象，或按住【Shift】键选择要延伸的对象

在上面的提示下选择被修剪对象，AutoCAD 会以剪切边为边界，将被修剪对象上位于拾取点一侧的多余部分或将位于两条剪切边之间的部分剪切掉。如果被修剪对象没有与剪切边相交，在该提示下按下【Shift】键后选择对应的对象，AutoCAD 则会将其延伸到剪切边。

（2）栏选（F）

以栏选方式确定被修剪对象。

（3）窗交（C）

使与选择窗口边界相交的对象作为被修剪对象。

（4）投影（P）

确定执行修剪操作的空间。

（5）边（E）

确定剪切边的隐含延伸模式。

（6）删除（R）

删除指定的对象。

（7）放弃（U）

取消上一次的操作。

【例 3-14】 把图 3-29(a)所示的五角星图形，修剪成图 3-29(b)所示的空心图形。操作步骤如下：

命令：trim↙

当前设置：投影＝UCS，边＝无

选择剪切边…

选择对象或＜全部选择＞：指定对角点：找到 5 个（选择五角星的五条边）

选择对象：↙

选择要修剪的对象，或按住【Shift】键选择要延伸的对象，或

[栏选(F)/窗交(C)/投影(P)/边(E)/删除(R)/放弃(U)]: （选择 AB 间的线段）
选择要修剪的对象,或按住【Shift】键选择要延伸的对象,或
[栏选(F)/窗交(C)/投影(P)/边(E)/删除(R)/放弃(U)]: （选择 BC 间的线段）
选择要修剪的对象,或按住【Shift】键选择要延伸的对象,或
[栏选(F)/窗交(C)/投影(P)/边(E)/删除(R)/放弃(U)]: （选择 CD 间的线段）
选择要修剪的对象,或按住【Shift】键选择要延伸的对象,或
[栏选(F)/窗交(C)/投影(P)/边(E)/删除(R)/放弃(U)]: （选择 DE 间的线段）
选择要修剪的对象,或按住【Shift】键选择要延伸的对象,或
[栏选(F)/窗交(C)/投影(P)/边(E)/删除(R)/放弃(U)]: （选择 EA 间的线段）
选择要修剪的对象,或按住【Shift】键选择要延伸的对象,或
[栏选(F)/窗交(C)/投影(P)/边(E)/删除(R)/放弃(U)]:↙

(a) 原图

(b) 修剪后的图形

图 3-29　修剪对象

2) 延伸

命令功能:将选定的对象精确地延长到指定边界。

调用延伸命令的方法如下:

(1) 选择菜单栏中的【修改】→"延伸"命令。

(2) 单击【修改】工具栏→"延伸"按钮 ───/ 。

(3) 在命令行中输入 EXTEND 或 EX,并按【Enter】键。

采用上述任何一种方式执行"延伸"命令后,命令执行过程如下:

选择边界的边…

选择对象或<全部选择>:(选择作为边界边的对象,按【Enter】键则选择全部对象)

选择对象:↙(也可以继续选择对象)

选择要延伸的对象,或按住【Shift】键选择要修剪的对象,或

[栏选(F)/窗交(C)/投影(P)/边(E)/放弃(U)]:

(1) 选择要延伸的对象,或按住【Shift】键选择要修剪的对象

选择对象进行延伸或修剪,为默认项。用户在该提示下选择要延伸的对象,AutoCAD 把该对象延长到指定的边界对象。如果延伸对象与边界交叉,在该提示下按下【Shift】键,然后选择对应的对象,那么 AutoCAD 会修剪它,即将位于拾取点一侧的对象用边界对象将其修剪掉。

(2) 栏选(F)

以栏选方式确定被延伸对象。

（3）窗交(C)

使与选择窗口边界相交的对象作为被延伸对象。

（4）投影(P)

确定执行延伸操作的空间。

（5）边(E)

确定延伸的模式。

（6）放弃(U)

取消上一次的操作。

【例 3-15】　绘制如图 3-30(a)所示的原图形，使其经过延伸后的图形如图 3-30(b)所示。

操作步骤如下：

命令：extend↙

当前设置：投影＝UCS，边＝无

选择边界的边...

选择对象或＜全部选择＞：(选择矩形)

选择对象：↙(也可以继续选择对象)

选择要延伸的对象，或按住【Shift】键选择要修剪的对象，或

［栏选(F)/窗交(C)/投影(P)/边(E)/放弃(U)］：(选择直线 A 的上端以及直线 B 的右端，并按【Enter】键)

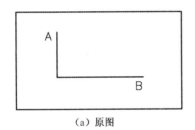

（a）原图

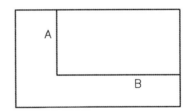

（b）延伸后的图形

图 3-30　延伸对象

## 3.2.7　打断与合并

1）打断

命令功能：将一个对象中的一部分删除或一个对象打断成两部分。

调用打断命令的方法如下：

（1）选择菜单栏中的【修改】→"打断"命令。

（2）单击【修改】工具栏→"打断"按钮 ▭ 。

（3）在命令行中输入 BREAK 或 BR，并按【Enter】键。

采用上述任何一种方式执行"打断"命令后，命令行提示：

选择对象：(选择要断开的对象。此时只能选择一个对象)

指定第二个打断点或[第一点(F)]：

(1) 指定第二个打断点

此时 AutoCAD 以用户选择对象时的拾取点作为第一断点，并要求确定第二断点。用户可以有以下选择：

如果直接在对象上的另一点处单击拾取键，AutoCAD 将对象上位于两拾取点之间的对象删除掉。

如果输入符号"@"后按【Enter】键或【Space】键，AutoCAD 在选择对象时的拾取点处将对象一分为二。

(2) 第一点(F)

重新确定第一个打断点。执行该选项，AutoCAD 提示：

指定第一个打断点：(重新确定第一打断点)

指定第二个打断点：(鼠标指定或输入相对坐标确定第二个打断点)

**【例 3-16】** 绘制如图 3-31(a)所示的一个圆，使其按要求打断成如图 3-31(b)所示的图形。

操作步骤如下：

命令：break↙

选择对象：(选择圆)

指定第二个打断点或[第一点(F)]：F↙

指定第一个打断点：(捕捉圆的左边象限点 A)

指定第二个打断点：(捕捉圆的下边象限点 B)

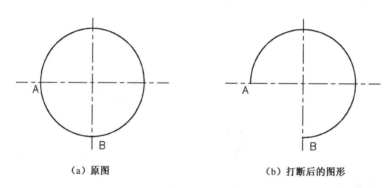

（a）原图                （b）打断后的图形

图 3-31　打断对象

2) 合并

命令功能：将选定的多个对象合并成一个完整的对象。

调用合并命令的方法如下：

(1) 选择菜单栏中的【修改】→"合并"命令。

(2) 单击【修改】工具栏→"合并"按钮 ![按钮]。

(3) 在命令行中输入 JOIN 或 J，并按【Enter】键。

**【例 3-17】** 绘制如图 3-32(a)所示带缺口的矩形，对其应用合并命令形成图 3-32(b)所示的图形。

操作步骤如下：

命令：join↙

选择源对象或要一次合并的多个对象：(选择左边线段)找到 1 个

选择要合并的对象：(选择右边线段)找到 1 个,总计 2 个

选择要合并的对象：↙

2 条直线已合并为 1 条直线。

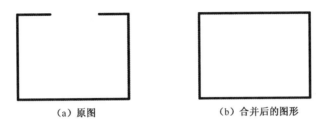

(a) 原图                    (b) 合并后的图形

图 3-32    合并对象

### 3.2.8    倒角与圆角

1) 倒角

命令功能：将两条相交直线或多段线按照设定的倒角距离做倒角处理。

调用倒角命令的方法如下：

(1) 选择菜单栏中的【修改】→"倒角"命令。

(2) 单击【修改】工具栏→"倒角"按钮 ▨。

(3) 在命令行中输入 CHAMFER 或 CHA,并按【Enter】键。

采用上述任何一种方式执行"倒角"命令后,命令行提示：

("修剪"模式)当前倒角距离 1＝0.0000,距离 2＝0.0000

选择第一条直线或[放弃(U)/多段线(P)/距离(D)/角度(A)/修剪(T)/方式(E)/多个(M)]：

提示的第一行说明当前的倒角操作属于"修剪"模式,且第一、第二倒角距离分别为1 和 2。

(1) 选择第一条直线

要求选择进行倒角的第一条线段,为默认项。选择某一线段,即执行默认项后,AutoCAD 提示：

选择第二条直线,或按住【Shift】键选择要应用角点的直线：

在该提示下选择相邻的另一条线段即可。

(2) 多段线(P)

对整条多段线倒角。

(3) 距离(D)

设置倒角距离。

(4) 角度(A)

根据倒角距离和角度设置倒角尺寸。

（5）修剪（T）

确定倒角后是否对相应的倒角边进行修剪。

（6）方式（E）

确定将以什么方式倒角，即根据已设置的两倒角距离倒角，还是根据距离和角度设置倒角。

（7）多个（M）

如果执行该选项，当用户选择了两条直线进行倒角后，可以继续对其他直线倒角，不必重新执行 CHAMFER 命令。

（8）放弃（U）

放弃已进行的设置或操作。

【**例 3-18**】 绘制如图 3-33(a)所示的两条相交直线，使其经倒角后的图形如图 3-33(b)所示。

操作步骤如下：

命令：chamfer↙

（"修剪"模式）当前倒角距离 1＝0.0000，距离 2＝0.0000

选择第一条直线或［放弃（U）/多段线（P）/距离（D）/角度（A）/修剪（T）/方式（E）/多个（M）］：D↙

指定第一个倒角距离<0.0000>：4↙

指定第二个倒角距离<5.0000>：6↙

选择第一条直线或［放弃（U）/多段线（P）/距离（D）/角度（A）/修剪（T）/方式（E）/多个（M）］：（选择竖直线）

选择第二条直线，或按住【Shift】键选择要应用角点的直线：（选择水平线）

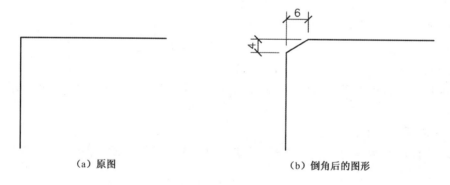

(a) 原图　　　　　　　　　　　　(b) 倒角后的图形

**图 3-33　对直线倒角**

2）圆角

命令功能：按照指定的半径创建一段圆弧，将两个对象光滑地进行连接。

调用圆角命令的方法如下：

（1）选择菜单栏中的【修改】→"圆角"命令。

（2）单击【修改】工具栏→"圆角"按钮 。

（3）在命令行中输入 FILLET 或 F，并按【Enter】键。

"圆角"命令与"倒角"命令操作方法基本一致，用户只需根据要求设置倒角半径和修剪模式即可。

**【例3-19】** 绘制如图3-34(a)所示的两条不相交直线，使其经圆角后的图形如图3-34(b)所示。

操作步骤如下：

命令：fillet↙

当前设置：模式＝修剪，半径＝0.0000

选择第一个对象或［放弃(U)/多段线(P)/半径(R)/修剪(T)/多个(M)］：R↙

指定圆角半径＜0.0000＞：5↙

选择第一个对象或［放弃(U)/多段线(P)/半径(R)/修剪(T)/多个(M)］：（选择竖直线）

选择第二个对象或按住【Shift】键选择要应用角点的对象：（选择水平线）

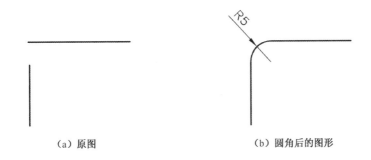

（a）原图　　　　　　　　　　　（b）圆角后的图形

图3-34　对直线倒圆角

### 3.2.9　分解

命令功能：将组合对象分解成多个单个对象。如可以将块、多段线、矩形、多边形等分解后，对其中的单个对象再进行编辑。

调用分解命令的方法如下：

（1）选择菜单栏中的【修改】→"分解"命令。

（2）单击【修改】工具栏→"分解"按钮 📤。

（3）在命令行中输入 EXPLODE，并按【Enter】键。

采用上述任何一种方式执行"分解"命令后，即可将组合图形分解成多个单个对象。

## 3.3　多段线编辑

在 AutoCAD 2016 中，可以一次编辑一条或多条多段线，其中的直线段或圆弧段，既可以一起编辑,也可以分别编辑。在编辑过程中,既可以为整个多段线设置相同的宽度,也可以分别设置不同的线宽。同时,也可以将多段线闭合或打开,以及对各顶点进行插入、删除等编辑。此外,还可以对多段线进行拟合、生成样条曲线、拉直等编辑。

调用多段线编辑命令的方法如下:

(1) 选择菜单栏中的【修改】→"对象"→"多段线"命令。

(2) 单击【修改Ⅱ】工具栏→"编辑多段线"按钮 ⟳。

(3) 在命令行中输入 PEDIT 或 PE,并按【Enter】键。

采用上述任何一种方式执行"多段线编辑"命令后,命令行提示:

选择多段线或[多线(M)]:(选择多段线)

输入选项[打开(O)/合并(J)/宽度(W)/编辑顶点(E)/拟合(F)/样条曲线(S)/非曲线化(D)/线型生成(L)/反转(R)/放弃(U)]:

各选项的含义如下:

(1) 打开:当多段线闭合时,系统提示包含此选项,可被编辑的闭合多段线变成开放的多段线。

(2) 合并:将直线、圆弧或多段线合并为一条多段线,它们之间可以有间隙。

(3) 宽度:为整个多段线设置新的统一宽度。

(4) 编辑顶点:对构成多段线的顶点进行插入、删除、改变切线方向、移动等编辑操作。

(5) 拟合:用圆弧来拟合多段线,该曲线通过多段线的所有顶点,并使用指定的切线方向。

(6) 样条曲线:使用选定多段线的顶点作为近似 B 样条曲线的控制点或控制框架,生成样条曲线。

(7) 非曲线化:用于反拟合,将由拟合或样条曲线插入的顶点删除,并拉直所有多段线线段。

(8) 线型生成:生成经过多段线顶点的连续图案的线型。

(9) 反转:通过反转方向来改变多段线上的顶点顺序。

【例 3-20】 在 AutoCAD 2016 的绘图窗口中用正多边形命令绘制一个正六边形,如图 3-35(a)所示,修改宽度,使其变成图 3-35(b)所示的图形。

多段线编辑命令的执行过程为:

命令:pedit↙

PEDIT 选择多段线或[多条(M)]:(选择图 3-35(a)所示的正六边形)

输入选项[打开(O)/合并(J)/宽度(W)/编辑顶点(E)/拟合(F)/样条曲线(S)/非曲线化(D)/线型生成(L)/反转(R)/放弃(U)]:W↙

指定所有线段的新宽度:2↙

输入选项[打开(O)/合并(J)/宽度(W)/编辑顶点(E)/拟合(F)/样条曲线(S)/非曲线化(D)/线型生成(L)/反转(R)/放弃(U)]:↙

(a) 原图　　　　　　　(b) 修改宽度后的图形

图 3-35　多段线的编辑

## 3.4　多线编辑

命令功能：对现有的多线进行编辑，从而改变多线的连接方式。

调用多线编辑命令的方法如下：

(1) 选择菜单栏中的【修改】→"对象"→"多线"命令。

(2) 在命令行中输入 MLEDIT，并按【Enter】键。

采用上述任何一种方式执行"多线编辑"命令后，AutoCAD 2016 弹出如图 3-36 所示的【多线编辑工具】对话框。对话框中包括十字形、T 字形、添加顶点和剪切等编辑工具。

十字形、T 字形编辑工具可以使用"十字闭合""十字打开""十字合并""T 形闭合""T 形打开""T 形合并"和"角点结合"等方式处理多线之间的相交问题。

添加顶点编辑工具可以使用"添加顶点"工具为多线增加若干顶点，使用"删除顶点"工具可以从包括三个或更多顶点的多线上删除顶点。

剪切编辑工具可以使用"单个剪切"和"全部剪切"切断多线。"全部接合"工具可以将断开的多线连接起来。

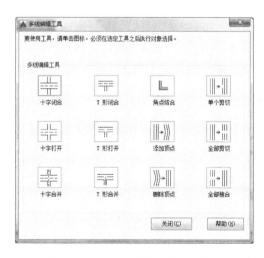

图 3-36　【多线编辑工具】对话框

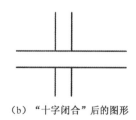

(a) 原图　　　　　　(b)"十字闭合"后的图形

图 3-37　多线的编辑

【例 3-21】　在 AutoCAD 中绘制两条相交的多线，如图 3-37(a)所示，经十字闭合处理后的图形如图 3-37(b)所示。

操作步骤如下：

命令：mledit✓（在弹出的图 3-36 所示的【多线编辑工具】对话框中选择"十字闭合"）

选择第一条多线：（选择竖直的多线）

选择第二条多线：（选择水平的多线）

选择第一条多线或[放弃(U)]：✓

## 3.5　样条曲线编辑

命令功能：对现有的样条曲线进行编辑。

调用样条曲线编辑命令的方法如下：

(1) 选择菜单栏中的【修改】→"对象"→"样条曲线"命令。

(2) 单击【修改Ⅱ】工具栏→"样条曲线编辑"按钮 $\mathcal{S}$ 。

(3) 在命令行中输入 SPLINEDIT，并按【Enter】键。

采用上述任何一种方式执行"样条曲线编辑"命令后，命令行提示：

选择样条曲线：（选择样条曲线，AutoCAD 会在样条曲线的各控制点处显示出夹点）

输入选项[闭合(C)/合并(J)/拟合数据(F)/编辑顶点(E)/转换为多段线(P)/反转(R)/放弃(U)/退出(X)]＜退出＞：

各选项的含义如下：

(1) 闭合(C)：封闭样条曲线。

(2) 合并(J)：将选定的样条曲线与其他样条曲线、直线、多段线和圆弧在重合端点处合并，以形成一个较大的样条曲线。

(3) 拟合数据(F)：修改样条曲线所通过的某些控制点。选择该选项后，命令行会提示：

输入拟合数据选项[添加(A)/闭合(C)/删除(D)/扭折(K)/移动(M)/清理(P)/切线(T)/公差(L)/退出(X)]＜退出＞：

可以通过选择拟合数据选项来编辑样条曲线。

① 添加(A)：为样条曲线添加新的控制点。

② 闭合(C)：通过定义与第一个点重合的最后一个点，闭合开放的样条曲线。默认情况下，闭合的样条曲线是周期性的，沿整个曲线保持曲率连续性。

③ 删除(D)：删除样条曲线控制点集中的一些控制点。

④ 扭折(K)：在样条曲线上的指定位置添加节点和拟合点，这不会保持在该点的相切或曲率连续性。

⑤ 移动(M)：移动样条曲线控制点集中点的位置。

⑥ 清理(P)：从图形数据库中清理样条曲线的拟合数据。

⑦ 切线(T)：修改样条曲线在起点和端点的切线方向。

⑧ 公差(L)：重新设置拟合公差。

（4）编辑顶点（E）：使用添加、删除、提高阶数、移动、权值等选项编辑顶点数据。

选择该选项后，命令行显示如下提示信息：

输入顶点编辑选项［添加（A）/删除（D）/提高阶数（E）/移动（M）/权值（W）/退出（X）］＜退出＞：

① 添加（A）：在位于两个现有控制点之间的指定点处添加一个新控制点。

② 删除（D）：删除选定的控制点。

③ 提高阶数（E）：控制样条曲线的提高阶数，阶数越高控制点越多，样条曲线越光滑。

④ 移动（M）：重新定位选定的控制点。

⑤ 权值（W）：更改指定控制点的权值。根据指定控制点的新权值重新计算样条曲线。权值越大，样条曲线越接近控制点。

（5）转换为多段线（P）：将样条曲线转化为多段线。

（6）反转（E）：反转样条曲线的方向。

## 3.6  夹点编辑

在 AutoCAD 中选择对象时，在对象上会显示出若干个蓝色的控制点，是一种集成的编辑模式，称为夹点。用鼠标左键单击可激活某个夹点（也可按【Shift 键】的同时激活多个夹点），此时该夹点变为红色，进入编辑状态。用户可以使用夹点编辑功能，对图形对象方便地进行拉伸、移动、旋转、缩放以及镜像等操作。

夹点被激活后，默认的操作模式为拉伸对象。通过移动选择的夹点，可以将图形对象拉伸到新的位置。

例如将图 3-38 所示的矩形右上角点向右侧拉伸 10 个图形单位，其操作步骤如下：

命令：（在不执行任何命令的情况下选择矩形，则在矩形的四个角点处和中点处显示夹点）

命令：（选择矩形右上角的夹点，则被选中的夹点变为红色而亮显）

＊＊拉伸＊＊

指定拉伸点或［基点（B）/复制（C）/放弃（U）/退出（X）］：@10,0↙（如图 3-38（c））

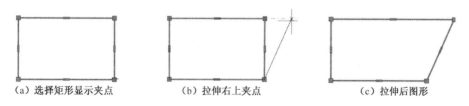

（a）选择矩形显示夹点　　　（b）拉伸右上夹点　　　（c）拉伸后图形

**图 3-38　使用夹点拉伸对象**

其中,命令行各主要选项的含义如下:

(1) 指定点拉伸:把对象移动拉伸到指定的新位置。对于某些特殊的夹点,移动夹点时图形对象并不会被拉伸,如文字、图块、圆心、椭圆圆心、直线中点等对象上的夹点。

(2) 基点(B):重新确定拉伸基点。

(3) 复制(C):允许确定一系列的拉伸点,进行多次拉伸复制操作。

激活夹点后点击鼠标右键会出现移动、旋转、缩放以及镜像等其他编辑修改模式,选中后可进行相应的图形编辑。

## 复习思考题

### 一、填空题

1. 在进行夹点编辑时,通常圆有_____个夹点,直线有_____个夹点。

2. 删除命令是_____。

3. 复制命令是_____;镜像命令是_____。

4. 偏移命令是_____;阵列命令是_____。

5. 移动命令是_____;旋转命令是_____。

6. 缩放命令是_____;拉伸命令是_____。

7. 修剪命令是_____;延伸命令是_____。

8. 多段线编辑命令是_____。

9. 采用_____方式时,从左到右拖动光标,指定对角点来定义矩形区域,只有完全包括在矩形窗口内的对象才能被选中。

10. 采用_____方式选择对象时,从右向左拖动光标,指定对角点来定义矩形区域,此时,完全包括在矩形窗口内以及与矩形窗口相交的对象都会被选中。

### 二、上机操作题(以下习题仅要求绘制图形,不要求标注尺寸)

1. 使用复制、镜像、拉长、偏移等命令把原图编辑成目标图,如图 3-39 所示。

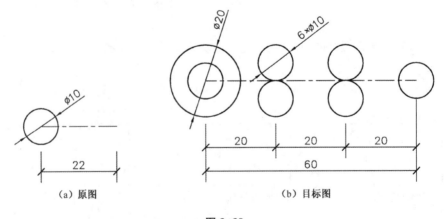

(a) 原图　　　　　　　　(b) 目标图

图 3-39

2. 使用偏移、修剪、分解等命令把原图(a)编辑成目标图(b),如图3-40所示。

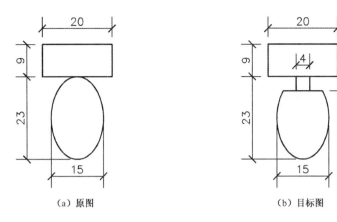

(a) 原图　　　　　　　　　　(b) 目标图

**图 3-40**

3. 用环形阵列完成图3-41所示的花卉图形(尺寸自定,项目总数20,填充360度)。

**图 3-41**

4. 按给定尺寸绘制图3-42中的图形。

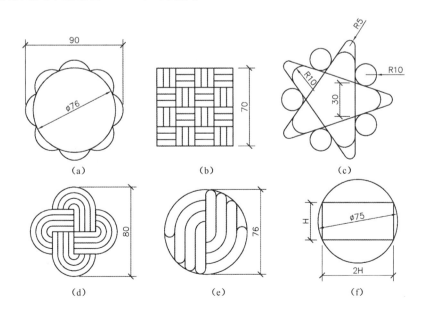

(a)　　　　　　　(b)　　　　　　　(c)

(d)　　　　　　　(e)　　　　　　　(f)

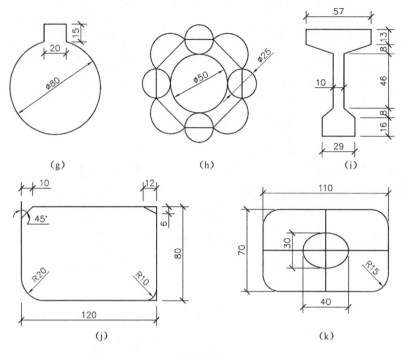

图 3-42

5. 用夹点编辑的方法,完成由图形(a)到图形(d)及由图形(a)到图形(e)的绘制过程,如图3-43所示。

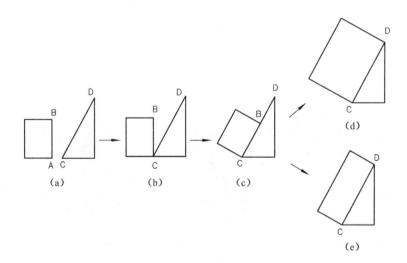

图 3-43

# 4 图案填充

使用指定线条图案、颜色来填充某个封闭区域,从而表达该区域的特征,这种填充操作称为图案填充。图案填充广泛应用于土建类各种图样的绘制中,如在建筑立面图中表示外墙的装饰材料,在建筑剖面图中用于表示被剖到断面的钢筋混凝土或普通砖材料等。

## 4.1 图案填充

调用图案填充命令的方法如下:
(1) 选择菜单栏中的【绘图】→"图案填充"命令。
(2) 单击【绘图】工具栏中的"图案填充"按钮 ▦ 。
(3) 在命令行中输入 BHATCH 或 BH,并按【Enter】键。

采用上述任何一种方式执行"图案填充"命令后,即可打开如图 4-1 所示的【图案填充和渐变色】对话框,单击【图案填充】选项卡,可以设置图案填充的类型和图案、角度和比例等内容。

图 4-1 【图案填充和渐变色】对话框

该对话框中各选项的主要功能说明如下:
(1)"类型和图案"选项区域
在"类型和图案"选项区域中,可以设置图案填充的类型和图案,其主要选项功能如下。

① "类型"下拉列表框：用于设置填充图案的类型，包括"预定义""用户定义"和"自定义"三个选项。"预定义"选项可以使用 AutoCAD 提供的图案，包括 ANSI、ISO 和其他预定义图案；"用户定义"选项，需要临时定义图案，该图案由一组平行或者相互垂直的两组平行线组成；用于基于图形当前线型创建直线图案。"自定义"选项，可以使用事先定义好的图案。

② "图案"下拉列表框：用于设置填充的图案。只有在"类型"下拉列表框中选择"预定义"选项时，该选项才可以使用。在"图案"下拉列表框中可以根据图案名称选择图案，也可以单击其后的 [...] 按钮，在打开的【填充图案选项板】对话框中进行选择。该对话框有四个选项卡，分别是 ANSI、ISO、其他预定义以及自定义，如图 4-2 所示。

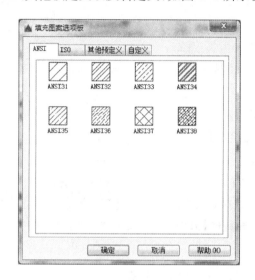

**图 4-2　【填充图案选项板】对话框**

③ 颜色：为图案填充指定颜色。右侧"背景色"按钮可以为新图案填充对象指定背景色。选择"无"可关闭背景色。

④ "样例"预览窗口：用于显示当前选中的图案样例。单击样例的预览图案，同样可以打开"填充图案选项板"对话框，供用户选择图案。

⑤ "自定义图案"下拉列表框：用于选择自定义图案，只有当图案类型为"自定义"时，此列表框才能使用。也可以单击右侧的按钮，打开【填充图案选项板】对话框进行图案设置。

（2）"角度和比例"选项区域

在"角度和比例"选项区域中，可以设置用户选定的图案填充角度和比例等参数，其主要选项功能如下。

① "角度"下拉列表框：用于设置填充图案的旋转角度，每种图案在定义时的旋转角度都为零。

② "比例"下拉列表框：用于设置图案填充时的比例值。每种图案在定义时的初始比例值为 1，可以根据需要放大或缩小。只有将"类型"设置为"预定义"或"自定义"时，该选项才可以使用。

③ "双向"复选框：对于用户定义图案，选择此选项将绘制第二组直线，这组直线与初始

直线相互垂直,从而构成交叉填充。只有在"图案填充"选项卡中的"类型"下拉列表中选择"用户定义"选项时,该选项才可用。

④ "相对图纸空间"复选框:用于决定是否将比例因子设为相对于图纸的空间比例。

⑤ "间距"文本框:设置定义图案中填充平行线之间的距离。只有在"类型"下拉列表中选择了"用户定义"后,该选项才可用。

⑥ "ISO 笔宽"下拉列表框:用于设置笔的宽度。只有采用 ISO 填充图案时,该选项才可用。

（3）"图案填充原点"选项区域

用于设置图案填充原点的位置。一些类似于砖墙立面的图案填充需要从边界的一点排成一行,有时需要调整其初始位置。主要选项的功能如下。

① "使用当前原点"选项:可以使用当前 UCS 的原点(0,0)作为图案填充的原点。此选项为 AutoCAD 默认选项。

② "指定的原点"选项:通过指定点作为图案填充的原点。选择"单击以设置新原点"按钮,可以从绘图窗口中选择某一点作为新的图案填充原点;单击"默认为边界范围"复选框,可以填充边界的左下角、左上角、右下角、右上角或圆心作为图案填充原点;选择"存储为默认原点"复选框,可以将指定的点存储为默认的图案填充原点。

（4）"边界"选项区域

① "添加:拾取点"按钮:单击该按钮将切换到绘图窗口,以拾取点的方式来指定填充区域的边界,系统会自动检测出包围该点的封闭填充边界,同时亮显该边界。

② "添加:选择对象"按钮:单击该按钮将切换到绘图窗口,通过选择对象的形式来指定填充区域的边界。

③ "删除边界"按钮:单击该按钮可以取消系统自动计算或用户指定的边界。

④ "重新创建边界"按钮:单击该按钮可以重新创建图案填充边界。

⑤ "查看选择集"按钮:单击该按钮,切换到绘图窗口,显示已选定的填充边界。

（5）"选项"选项区域

① "注释性"复选框:用于定义填充图案是否为可注释性对象。

② "关联"复选框:选择此项即关联填充,用于创建随边界更新自动填充新的边界的图案。

③ "创建独立的图案填充"复选框:选择此项用于创建互相独立的图案填充。

④ "绘图次序"下拉列表框:用于指定图案填充的绘图顺序,通过不同的选择把填充图案置于指定的层次。

⑤ "图层"下拉列表框:用于指定图案所在的图层。

⑥ "透明度"下拉列表框:用于控制选定对象或图层上所有对象的透明度,数值越大越透明。透明度效果可以提高图形质量。例如,可以使放置在建筑或操作机械中的人物图像变得透明以弱化它们。透明度也可以用于减少仅供参照的对象和图层的可见性。

出于性能原因的考虑,默认情况下,透明度在打印时处于禁用状态。若要打印透明对象,请在"打印"对话框或"页面设置"对话框中单击"使用透明度打印"选项。

⑦ "继承特性"按钮:可以将现有图案填充或填充对象的特性应用到其他图案填充或填充对象中。

单击【图案填充和渐变色】对话框右下角的按钮 ，该对话框将展开更多选项，如图 4-3 所示。该部分用于选择孤岛检测方式——在封闭的填充区域内的填充方式，指定在最外层边界内填充对象的方法。

**图 4-3  展开后的【图案填充】对话框**

展开后的【图案填充】对话框中，各选项的主要功能如下。

（1）"孤岛"选项区域

"孤岛显示样式"选项区域：包括"普通""外部"和"忽略"三种方式，用于设置孤岛的填充。

（2）"边界保留"选项区域

① "保留边界"复选框：选择此项，将沿添加区域的边界创建一个多段线或面域。

② "对象类型"下拉列表框：用于选择创建的填充边界的保留类型，保留类型为多段线或面域。

（3）"边界集"选项区域

"当前视口"选项：表示从当前视口中可见的所有对象定义边界集。选择此选项可放弃当前的任何边界集而使用当前视口中可见的所有对象。

"新建"按钮：单击该按钮表示选择用来定义边界集的对象。

（4）"允许的间隙"选项区域

如果图案填充边界未完全闭合，AutoCAD 会检测到无效的图案填充边界，并用红色圆圈来显示问题区域的位置。但如果在"公差"中输入数值后，可以填充间隙在公差范围内的不封闭图形。"公差"默认值为 0，范围在 0~500 之间。

【**例 4-1**】 在图 4-4（a）中按要求进行图案填充，效果如图 4-4（b）所示。

具体操作步骤如下：

（1）在命令行中输入 BHATCH 后回车，弹出如图 4-1 所示的【图案填充和渐变色】对话框,选择"图案填充"选项卡,在"类型"下拉列表框中选择"预定义"选项;单击"图案"下拉列表框后的 □ 按钮,在"其他预定义"选项卡中选择"BRICK"对应的图案。

（2）在"边界"选项组中,单击"添加:拾取点"按钮,切换到绘图窗口,拾取矩形与圆之间的任一点,按【Enter】键返回到【图案填充和渐变色】对话框。单击"添加:选择对象"按钮,再次切换到绘图窗口,选择矩形图形,再按【Enter】键,返回到【图案填充和渐变色】对话框。

（3）单击【图案填充和渐变色】对话框右下角的按钮 ⊙ ,在展开后的对话框中,选择"普通"样式的孤岛检测方式。

（4）在对话框中的"比例"下拉列表框中输入数值,通过单击"预览"按钮与按【Esc】键,在绘图窗口与对话框之间进行切换,输入适当的比例"0.3"后（该比例与所绘图形大小相关）,在对话框中单击"确定"按钮。图案填充后的效果如图 4-4(b)所示。

（a）原图

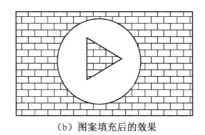
（b）图案填充后的效果

图 4-4　图案填充

## 4.2　渐变色填充

渐变色填充是实体图案填充,可以创建单色或双色渐变色,并对图案进行填充。还能够体现出光照在平面或三维对象上而产生的过渡颜色效果。

在【图案填充和渐变色】对话框中,单击【渐变色】选项卡,可以设置渐变色填充,如图 4-5 所示,其主要功能如下。

（1）"颜色"选项区域

"单色"复选框:指定由深到浅平滑过渡的单一颜色填充图案。双击颜色框或右侧的按钮 ［...］,系统弹出【选择颜色】对话框,包括索引颜色、真彩色或配色系统颜色。可以通过色板、滚条、配色和索引等多种方式设置渐变色及渐变色程度。

"双色"复选框:可以用两种颜色进行渐变色填充。

"渐变图案预览"窗口:用渐变填充的 9 种固定图案来显示当前渐变色的效果。

（2）"方向"选项区域

"居中"复选框:用于创建均匀渐变。

"角度"下拉列表框:用于设置渐变色角度。

此外,单击【图案填充和渐变色】对话框右下角的按钮 ⊙ ,也可对不同的孤岛样式进行渐变色填充的设置,方法同 4.1 节图案填充。

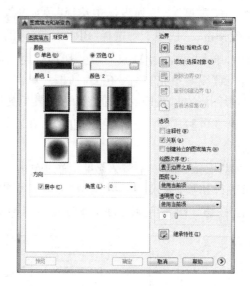

图 4-5 【渐变色】对话框

## 4.3 工具选项板填充

可以将常用的填充图案置于工具选项板上,需要时直接将其从工具选项板拖至图形中即可。调用工具选项板的方法如下:

(1) 选择【视图】标签→"选项板"面板→"工具选项板"按钮 ▦ 。

(2) 在命令行中输入 TOOLPALETTES,并按【Enter】键。

当【工具选项板】处于打开状态时,拖动工具选项板中的填充图案到图形中的填充区域即可完成图案填充。或单击填充图案,再单击填充区域,也可完成图案填充。

右键单击【工具选项板】中的图案工具,从快捷菜单中选择"特性"选项,系统弹出【工具特性】对话框,在此对话框中可以直接修改填充图案的参数。

另外,当【工具选项板】处于打开状态时,还可以通过拖动图形中的填充图案,将图案拖到工具选项板中,以方便今后使用。

## 4.4 图案填充的编辑

创建了图案填充后,如果需要修改填充图案或修改图案区域的边界,可以通过图案编辑命令对其进行修改。

调用图案填充编辑的方法如下:

(1) 选择菜单栏中【修改】→"对象"→"编辑图案填充"命令。

（2）单击【修改Ⅱ】工具栏中的"编辑图案填充"按钮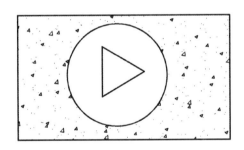。

（3）在命令行中输入 HATCHEDIT，并按【Enter】键。

（4）双击要编辑的填充图案。

采用上述任何一种方式执行"编辑图案填充"命令后，即可打开【图案填充编辑】对话框，对现有的图案或渐变填充的相关参数进行修改。该对话框与【图案填充与渐变色】对话框一致，此时"重新创建边界"按钮可用。下面介绍该按钮的作用，其余各项功能不再赘述。

"重新创建边界"按钮：该选项在填充图案编辑时才可以使用。当编辑删除了边界的填充图案时，单击该按钮，系统提示："输入边界对象的类型［面域（R）/多段线（P）］＜多段线＞："，选择指定类型后，沿被编辑的填充边界轮廓创建一多段线或面域，并可选择其与填充图案是否关联，若原边界线未删除，则原边界线保留。

【例 4-2】　将图 4-4（b）所示的图形编辑为图 4-6 所示图形。

具体操作步骤如下：

（1）双击填充的图案，打开【图案填充编辑】对话框。

（2）选择"图案填充"选项卡，单击"图案"下拉列表框后的 ┌───┐ 按钮，在"其他预定义"选项卡中单击"AR-CONC"图标。

（3）在"孤岛"选项区域选择"外部"方式。

（4）在"比例"下拉列表框中输入数值，通过单击"预览"按钮，调整比例，选择合适的比例值后单击"确定"按钮。结果如图 4-6 所示。

图 4-6　编辑图案填充

## 复习思考题

### 一、填空题

1. 图案填充的命令是＿＿＿＿＿＿＿＿＿；进行图案填充编辑的命令是＿＿＿＿＿＿＿＿。

2. 在"图案填充和渐变色"对话框中，选择"图案填充"选项卡，可以设置图案填充的＿＿＿＿＿＿＿＿和＿＿＿＿＿＿、＿＿＿＿＿＿＿和＿＿＿＿＿＿等内容。

3. 孤岛显示样式有＿＿＿＿＿＿＿＿、＿＿＿＿＿＿＿＿、＿＿＿＿＿＿＿三种方式。

4. 每种图案在定义时的初始比例值为＿＿＿＿＿＿＿＿。

二、上机操作题（按给定尺寸绘制下列图形并填充，不要求标注尺寸）

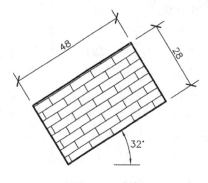

图 4-7　砖墙

图 4-8　填充的"五角星"（尺寸自定）

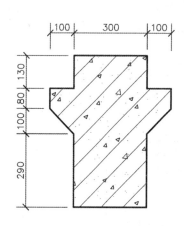

图 4-9　花篮梁断面图

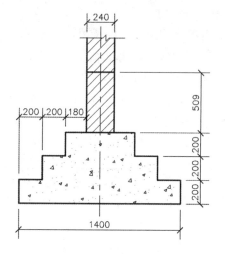

图 4-10　条形基础详图

# 5　图层与对象特性

图层、颜色、线型与线宽都是图形对象的特性,是 AutoCAD 2016 提供的另一类辅助绘图和管理图形的命令。本章主要介绍图层的创建与管理、对象特性的设置与管理等内容。

## 5.1　图层

### 5.1.1　图层的概念

在 AutoCAD 中,图层就相当于一张透明图纸,我们可以把不同线型和不同线宽的对象分别绘制在不同的图层上,所有透明图纸按同样的坐标重叠在一起,最终得到一幅完整的图形,如图 5-1 所示。

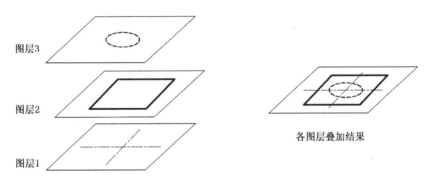

图 5-1　图层示意图

在土建工程的图样中往往包含粗实线、中实线、细实线、虚线、点画线、波浪线等多种线型和线宽,用户可以利用图层的特性,在绘图前创建粗实线层、中实线层、细实线层、虚线层、点画线层等分别绘制图中的不同图线。这些线条绘制在各自的图层上,可以用不同的颜色、线型、线宽、打印样式等特性,以及开、关、冻结等不同的状态来区分各个图层中的图形对象。

在同一个图形文件中,所有图层都具有相同的图形界限、坐标和缩放比例。一个图形文件最多可有 32000 个图层,每个图层上对象的数量都没有任何限制。用户可以任意选择其中一个图层绘制和编辑图形,而不会受到其他层上图形的影响。用图层来组织和管理图形对象,使得图形的信息管理更加清晰。

### 5.1.2　创建和设置图层

AutoCAD 2016 的图层是通过图 5-2 所示的【图层特性管理器】对话框进行创建和修改的,调用该对话框的方法有:

(1) 命令行:LAYER

(2) 菜单栏:【格式】菜单→"图层"命令

(3)【图层】工具栏→"图层特性管理器"按钮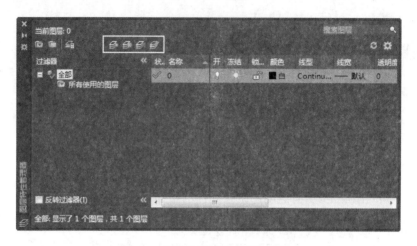

图 5-2　【图层特性管理器】对话框

在该对话框中显示名称为"0"的图层,该图层是 AutoCAD 2016 系统默认的图层,不能被重命名和删除。对话框上方有四个彩色按钮 ,其功能分别为:

:新建图层。

:在所有视口中都被冻结的新图层视口。

:删除图层。

:置为当前。

1) 创建新图层

单击"新建图层"按钮 ,可新建一个名为图层 1 的新图层。此时,图层 1 处于亮选状态,用户可直接输入新图层的名称,也可在取消亮选状态后点击鼠标右键进行重命名,如图 5-3 所示的"轴线层"。重复以上操作可建立多个图层。

2) 删除图层

选择要删除的图层,单击"删除图层"按钮 ,或利用快捷键 Alt＋D 即可删除多余的图层。

必须注意的是,不能删除"当前层"和"0"层以及尺寸标注后系统自动产生的"Defpoints"层。

3) 置为当前层

当前层是 AutoCAD 2016 接纳用户绘制对象的图层,即绘图必须在当前层上,且当前层

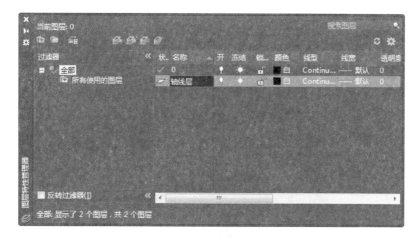

图 5-3　创建"轴线层"

只有一个,而编辑图形可以在当前层以外的所有图层上进行。如图 5-3 中左上角显示"当前图层:0",则表示用户当前绘制的图形全部位于"0"层上。

将其他已建立的图层置为当前层的方法有:

（1）在【图层特性管理器】对话框中,双击需要置为当前的图层,或者选中某个图层后点击"置为当前"按钮 ，即可。图 5-4 是将"轴线层"置为当前。

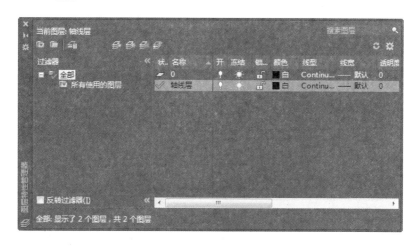

图 5-4　将"轴线层"置为当前

（2）在【图层】工具栏的"图层控制"下拉列表框中选择需要置为当前的图层,如图 5-5 中将"轴线层"置为当前。

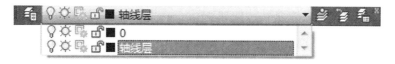

图 5-5　利用【图层】工具栏将"轴线层"置为当前

### 5.1.3　图层"特性"的设置

1）图层"颜色"的设置

例如要为图 5-3 中新建的"轴线层"设置颜色为"青色"，用鼠标单击"轴线层"右侧的"颜色"栏，系统会弹出图 5-6 所示的【选择颜色】对话框，直接用鼠标点击"青色"后按"确定"按钮即可。此时"轴线层"的颜色就由原来默认的" ■白 "显示为" □青 "，表示"轴线层"的线条颜色为"青色"。

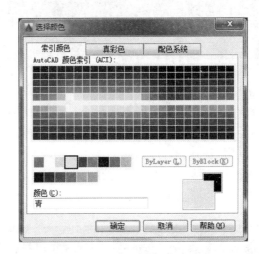

图 5-6　【选择颜色】对话框

2）图层"线型"的设置

例如要为图 5-3 中新建的"轴线层"设置线型为"点画线"，用鼠标单击"轴线层"右侧的"线型"栏，系统会弹出图 5-7 所示的【选择线型】对话框。在该对话框中，AutoCAD 2016 只有一种默认线型——连续实线"Continuous"，用户想要使用其他的线型种类，必须重新加载，具体方法如下：

（1）单击【选择线型】对话框中"加载（L）"按钮，可弹出【加载或重载线型】对话框，如图 5-8 所示。在"可用线型"选项中列出了 AutoCAD 2016 自带的多种线型文件，其中"线型"栏中显示各种线型的名称，"说明"栏中显示对应线型的示例。

（2）选中需要加载的点画线（如"CENTER"），按"确定"按钮，返回到【选择线型】对话框，此时在"已加载的线型"选项下显示"CENTER"线型的"名称""外观"及"说明"等，如图 5-9 所示。

（3）选中【选择线型】对话框中的"CENTER"，按"确定"按钮，即完成"轴线层"的线型设置。此时"轴线层"的线型由原来默认的"Continuous"显示为"CENTER"，表示"轴线层"的图线线型为"CENTER"。

同理，可加载各种所需的线型，并设置给相应的图层。

图 5-7　【选择线型】对话框

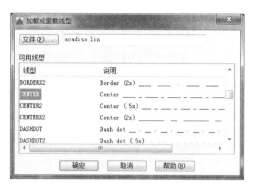

图 5-8　【加载或重载线型】对话框

图 5-9　【选择线型】对话框

图 5-10　【线宽】对话框

3）图层"线宽"的设置

在 AutoCAD 2016 中允许用户设置不同的线宽,并可以按不同宽度显示在屏幕上和输出到图纸上。例如图 5-3 中新建的"轴线层"线宽需设置为"0.18 mm",用鼠标单击"轴线层"右侧的"线宽"栏,系统会弹出图 5-10 所示的【线宽】对话框。直接用鼠标点选"0.18 mm",然后按"确定"按钮即可。此时"轴线层"的线宽就由原来的"——— 默认 "显示为"——— 0.18 毫米 ",表示"轴线层"的线条宽度为"0.18 mm"。

注意:在【线宽】对话框中系统提供了 24 种线宽供用户选择,其中默认的线宽为 0.25 mm(0.01 in)。

## 5.1.4　图层管理

每个图层都有"开/关"、"冻结/解冻"、"锁定/解锁"、是否"打印"、"新视口冻结/解冻"等状态可供用户选择使用,在【图层特性管理器】对话框中形象的用灯泡 💡 / 💡、雪花(或太阳) ❄ / ☀、锁 🔒 / 🔓 等图标来表示,如图 5-11 所示。下面就常用的几种状态管理说明如下:

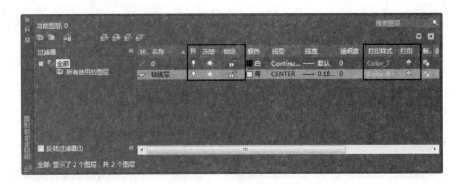

图 5-11 图层状态管理

(1) 打开/关闭(On/Off)

被"关闭"图层上的图形对象不能被显示或打印,但可以重生成。使用中用户可以暂时关闭与当前工作无关的图层,减少干扰,更加方便快捷地工作。

(2) 冻结/解冻(Freeze/Thaw)

被"冻结"图层上的图形对象不能被显示、打印及重生成,因此用户可以将长期不需要显示的图层冻结,提高对象选择的性能,减少复杂图形的重生成时间,常用于大型图形的绘制。

(3) 锁定/解锁(Lock/Unlock)

被"锁定"图层上的图形对象不能被编辑或选择,但可以查看。这个功能对于编辑重叠在一起的图形对象时非常有用。

(4) 打印(Plot)

图层可设置为"打印"或"不打印"状态。如果某个图层的"打印"状态被禁止,则该图层上的图形对象可以显示但不能打印。

用户管理图层以上各种状态的方法有:

(1) 在【图层特性管理器】对话框中单击相应的图标即可切换当前状态,如图 5-11 中是将"轴线层"的状态改为"关""冻结""锁定""不打印""新视口冻结",而"0 层"的状态为相反的"开""解冻""解锁""可打印""新视口解冻"。

(2) 在【图层】工具栏的"图层控制"下拉列表框中单击需要改变状态的图标,如图 5-12 中将"轴线层"的状态改为"关"。

图 5-12 利用【图层】工具栏管理图层状态

### 5.1.5 图层应用示例

如图 5-13 所示,在绘制建筑立面图时,可以将室外地坪线、墙线、不可见轮廓线、一般可见轮廓线、轴线、尺寸标注、文字说明等创建为不同的图层,并设置不同的颜色、线型和线宽等,将不同的图形放在不同的图层上分类绘制、编辑和管理以方便协调各部分、各种类之间的关系,统一图纸设置参数和简化图纸管理。

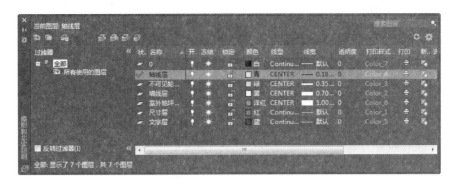

图 5-13　图层应用示例

## 5.2　图形的对象特性

图形对象特性的设置和管理通常是通过【特性】工具栏来完成的,如图 5-14 所示。在该工具栏中包含"颜色控制""线型控制"和"线宽控制"三个下拉列表框,用来设置图形对象的颜色、线型和线宽特性。

图 5-14　【特性】工具栏

### 5.2.1　颜色

在"颜色"下拉列表框中分别显示三种对象颜色设置选项,如图 5-15 所示。

1) 随层(ByLayer)

选择"ByLayer"表示图形对象绘制时颜色具有当前图层所对应的颜色,即与图层建立时所设置的颜色相同。

2) 随块(ByBlock)

选择"ByBlock"表示图形对象绘制时具有系统默认设置的颜色(白色),若为插入的图块对象,则具有块定义时所设置的颜色(块的相关内容将在第 8 章中介绍)。

3) 指定其他颜色

选择除"ByLayer"和"ByBlock"外的其他单个颜色,表示之后绘制的图形对象具有该指定颜色,此时与图层建立时所设置的颜色无关。用户也可选择下部的"选择颜色"选项,在打开的【选择颜色】对话框中指定所需的单个颜色。

注:绘制在同一图层的图形对象,可以具有与图层一样的颜色(随层),也可以具有独立指定的颜色。

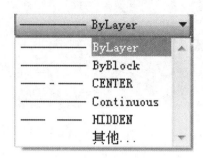

图 5-15　颜色下拉列表框　　　　图 5-16　线型下拉列表框

### 5.2.2　线型

在"线型"下拉列表框中分别显示三种对象线型设置选项,如图 5-16 所示。

1) 随层(ByLayer)

选择"ByLayer"表示图形对象绘制时线型具有当前图层所对应的线型,即与图层建立时所设置的线型相同。

2) 随块(ByBlock)

选择"ByBlock"表示图形对象绘制时具有系统默认设置的线型(Continuous),若为插入的图块对象,则具有块定义时所设置的线型。

3) 指定其他线型

选择除"ByLayer"和"ByBlock"外的其他单独线型,表示之后绘制的图形对象具有该指定线型,此时与图层建立时所设置的线型无关。用户也可选择下部的"其他"选项,在打开的【线型管理器】对话框中加载所需的其他线型(方法同 5.1.3 节)。

注:绘制在同一图层的图形对象,可以具有与图层一样的线型(随层),也可以具有独立指定的线型。

### 5.2.3　修改线型比例

在绘图过程中,往往会出现用户按照定义的线型(如:点画线或虚线等非连续线型)画出图形后在屏幕上显示的却是连续实线。造成这种情况的原因通常有两种:

(1) 图形对象的线型未设置为"ByLayer",所以不执行图层所设置的线型。如果是这种情况,只需在"线型"下拉列表框中选择"ByLayer"即可。

(2) 设置的线型比例与当前图形的比例不一致,以至于线型太密或太疏而无法显示,这时需要修改线型比例来调整显示。

在 AutoCAD 2016 中绘图时,所选择的线型是其系统自带的线型文件,各线型中线段的长短是按一定比例预先设置的,不能自动随绘图区域的大小而改变线段的长短,绘图区域特别小或特别大时就不能正常显示和输出。例如在绘制建筑平面图时,图形界限为(20000,15000),出图比例1:100,用点画线"CENTER"绘制长度10000的轴网,用虚线"HIDDEN"绘制不可见的两条轮廓线,结果显示均为直线状态,如图5-17(a)所示。此时可通过调整线型比例的大小来实现点画线和虚线的正常显示。具体方法如下:

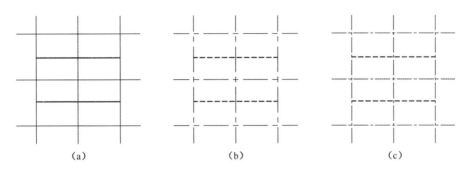

(a)　　　　　　　　　　(b)　　　　　　　　　　(c)

图5-17　修改线型比例示例

　　① 在"线型"下拉列表框中选择最下部的"其他"选项,打开【线型管理器】对话框,点击"显示细节"按钮,可显示线型的"详细信息",如图5-18所示。

　　② 在"全局比例因子"文本框中,把默认的"1"修改为"100"(图5-18),此时所有的线型比例均被放大100倍显示,点击"确定"按钮后,显示效果如图5-17(b)所示。

　　③ 若此时点画线的显示效果不理想,比例过大,可通过修改"当前对象缩放比例"将其比例单独再缩小0.5倍(图5-19),显示效果如图5-17(c)所示。但必须注意的是,此比例只能在绘制轴线前设置,也即"当前对象缩放比例"只对其设置之后所绘制的图线起作用。被设置的线型所显示的"最终比例"="全局比例因子"×"当前对象缩放比例",如点画线的最终比例应为100×0.5=50倍。

图5-18　线型管理器中修改"全局比例"

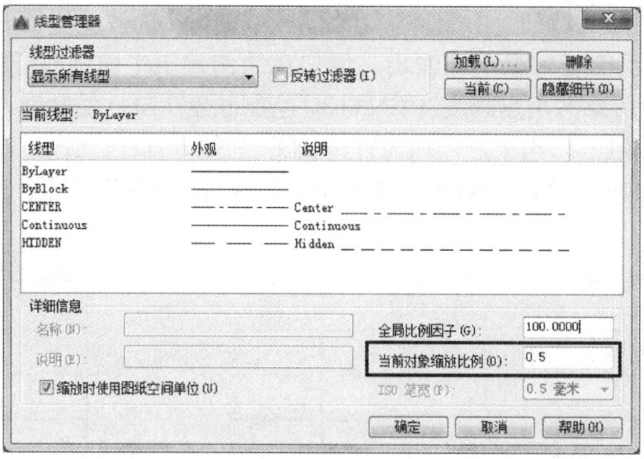

图 5-19　线型管理器中修改"当前对象缩放比例"

### 5.2.4　线宽

在"线宽"下拉列表框中分别显示三种对象线宽设置选项,如图 5-20所示。

1) 随层(ByLayer)

选择"ByLayer"表示图形对象绘制时线宽具有当前图层所对应的线宽,即与图层建立时所设置的线宽相同。

2) 随块(ByBlock)

选择"ByBlock"表示图形对象绘制时具有系统默认设置的线宽(0.25 mm),若为插入的图块对象,则具有块定义时所设置的线宽。

3) 指定其他线宽

选择除"ByLayer"和"ByBlock"外的其他线宽数字,表示之后绘制的图形对象具有该指定线宽,此时与图层建立时所设置的线宽无关。

注:绘制在同一图层的图形对象,可以具有与图层一样的线宽(随层),也可以具有独立指定的线宽。

提示:AutoCAD 2016 优先执行图形对象的"特性"设置,如果设置图形对象的颜色、线型和线宽为除"ByLayer"和"ByBlock"外的单独颜色(红、黄等)、线型(虚线、点画线等)或线宽(如 0.4mm),则所绘制图形对象的各种特性将按照所设定的绘制,而不会执行图层中的颜色、线型及线宽设置。通常推荐用户使用的图形对象"特性"均设置为"ByLayer"。

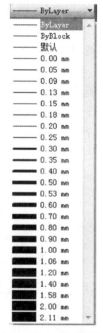

图 5-20　"线宽"下拉列表框

### 5.2.5　对象【快捷特性】面板

图形对象绘制完成后,点击打开【状态栏】上的"快捷特性"按钮 ,在选中某个对象后即会显示其相应的【快捷特性】面板。在该面板中会列出该图形对象常用的快捷特性参数（如图层、颜色、线型等），用户可直接查看或修改。图5-21为一虚线的【快捷特性】面板。

用户也可以在【状态栏】上的"快捷特性"按钮关闭情况下，先选中图形对象，再单击鼠标右键，在弹出的快捷菜单中选择"快捷特性"选项，也可打开如图5-21所示的【快捷特性】面板。

### 5.2.6 对象【特性】选项板

图形对象绘制完成后，选中某个对象在命令行输入"PROPERTIES"，或选择【修改】菜单下的"特性"命令，或单击鼠标右键，在弹出的快捷菜单中选择"特性"选项，都将打开该对象【特性】选项板。在该选项板中会列出图形对象的各种特性参数（如颜色、图层、线型、线型比例、线宽等），用户可直接查看或修改。图5-22为一虚线的【特性】选项板。

图 5-21 【快捷特性】面板

图 5-22 【特性】选项板

## 复习思考题

### 一、填空题

1. 图层的命令是_____，AutoCAD 2016默认的图层是_____层。

2. 在【图层特性管理器】对话框中，按钮的作用是_____，的作用是_____，的作用是_____。

3. 若某个图层状态中显示 💡 图标表示_____，显示 🔒 图标表示_____，显示 ❄ 图标表示_____。

4. 图形对象【特性】工具栏中包括_____、_____和_____三个下拉列表框,用于对象特性的设置和管理。

5. 图形对象的特性可以通过_____和_____集中显示和编辑。

**二、上机操作题**

1. 按照建筑施工图的要求,为将要绘制的建筑剖面图创建所需要的图层。

2. 分层绘制如图 5-23 所示不同宽度、不同线型的图形对象(其中要求粗线 0.7 mm,中粗线 0.5 mm,中线 0.35 mm,细线 0.18 mm)。

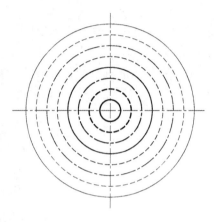

**图 5-23 线型练习**

# 6  文字与表格

文字说明在土木工程图样中是不可或缺的一部分,常与图形一起被用来表达完整的设计思想。其中文字主要为图形对象提供必要的说明和注释(如图纸说明、技术要求等);表格主要用于集中统计构件或材料的数量或其他信息(如门窗表、材料表等),以方便用户查阅。AutoCAD 2016 提供了多种创建和编辑文字说明的方法,以方便用户准确创建出符合制图标准和专业要求的文字和各种表格。本章主要介绍文字与表格样式的设置、文字的注写与编辑、表格的创建与编辑等内容。

## 6.1  文字样式

文字样式用于设置文字说明的具体格式,如字体名、大小、是否为注释性、文字效果等,以满足不同行业或不同国家制图标准的要求。在创建文字说明前,应先建立合适的文字样式。

### 6.1.1  制图标准对文字的规定

土木工程图样中的字体包括汉字、字母、数字和符号等。《房屋建筑制图统一标准》(GB/T 50001—2017)(以下简称国标)规定在书写时均应做到笔画清晰、字体端正、间隔均匀、排列整齐。

1) 汉字

国标规定:图样及说明中的汉字宜优先采用 True Type 字体中的宋体字型,采用矢量字体时应为长仿宋体字型。同一张图纸字体种类不应超过两种。长仿宋体的宽高比宜为0.7,且应符合表 6-1 的规定,打印线宽宜为 0.25~0.35 mm;True Type 字体的宽高比宜为 1。大标题、图册封面、地形图等的汉字,也可书写成其他字体,但应便于辨认,其宽高比宜为 1。并应采用国家正式公布推行的《汉字简化方案》中规定的简化字。

**表 6-1  长仿宋字体高宽关系**

| 字高 | 3.5 | 5 | 7 | 10 | 14 | 20 |
|------|-----|-----|-----|-----|-----|-----|
| 字宽 | 2.5 | 3.5 | 5 | 7 | 10 | 14 |

2) 字母和数字

图样及说明中的字母、数字,宜优先采用 True Type 字体中的 Roman 字型,书写规则应符合表 6-2 的规定。

字母和数字可写成斜体或直体,其中斜体字字头向右倾斜,与水平基准线成 75°角。同一图样上,只允许用一种型式的字体。

**表 6-2　字母及数字的书写规则**

| 书写格式 | 一般字体 | 窄字体 |
|---|---|---|
| 大写字母高度 | h | h |
| 小写字母高度(上下均无延伸) | 7/10 h | 10/14 h |
| 小写字母伸出的头部或尾部 | 3/10 h | 4/14 h |
| 笔画宽度 | 1/10 h | 1/14 h |
| 字母间距 | 2/10 h | 2/14 h |
| 上下行基准线最小间距 | 15/10 h | 21/14 h |
| 词间距 | 6/10 h | 6/14 h |

3) 注意事项

(1) 表示数量的数字,应用阿拉伯数字书写。

(2) 表示分数时,不得将数字与文字混合书写。

(3) 无整数的小数数字,应在小数点前加"0"定位。

(4) 图中书写的汉字不应小于 3.5 号(字体宽度相应为 2.5 mm、3.5 mm、5 mm、7 mm、10 mm、14 mm),数字和字母不应小于 2.5 号。

(5) 汉字、字母和数字组合书写时,排列应符合图 6-1 的规定。

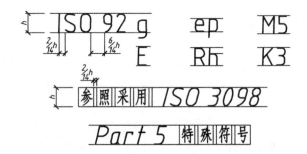

**图 6-1　汉字、字母和数字组合书写规定**

(6) 用作指数、分数、极限偏差、注脚等的数字及字母一般应采用小一号的字体。

(7) 图样中的数学符号、物理量符号、计量单位符号以及其他符号、代号,应分别符合国家有关法令和标准的规定。

### 6.1.2　新建文字样式

AutoCAD 2016 的文字样式是通过图 6-2 所示的【文字样式】对话框进行创建和修改的,调用该对话框的方法有:

(1) 命令行:STYLE

(2) 菜单栏:【格式】菜单→"文字样式"命令

（3）【格式】工具栏→"文字样式"按钮 或【文字】工具栏→"文字样式"按钮

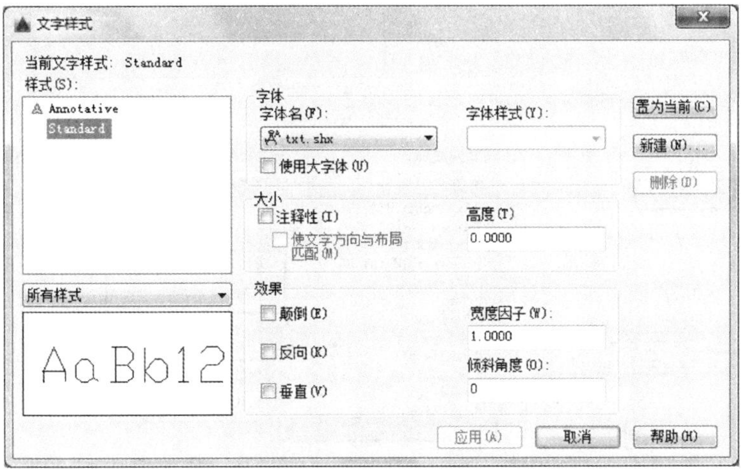

**图 6-2 【文字样式】对话框**

该对话框中主要选项的功能说明如下：

① 字体：用于选择字体名称和类型，以及是否使用大字体等。AutoCAD 2016 中的字体文件分为两类：一类是 Windows 系统提供的 TrueType 字体，扩展名为【.ttf】，字体前有 图标，如： 宋体 、 仿宋等；另一类是 AutoCAD 系统提供的形字体，扩展名为【.shx】，字体前有 图标，如： txt.shx 、 gbenor.shx 等，可以创建大字体。

② 大小：用于设置字体的高度以及是否为注释性。

③ 效果：用于设置字体书写后的显示效果，如颠倒、反向、垂直、倾斜、宽窄等。

1）创建工程字及相关文字样式

下面以"长仿宋汉字"和"字母与数字"两个文字样式为例，介绍符合土木工程制图标准字体样式的创建方法和步骤。

（1）单击图 6-2【文字样式】对话框中"新建"按钮，打开如图 6-3 所示的【新建文字样式】对话框。通过该对话框中的"样式名"文本框指定新样式的名称，如"长仿宋汉字"；单击"确定"按钮，返回【文字样式】对话框，此时在"样式"选项区显示新建的文字样式名"长仿宋汉字"，如图 6-4 所示。

**图 6-3 【新建文字样式】对话框**

通过【文字样式】对话框中的"字体名"下拉列表框指定新样式的字体名称，如"仿宋"；设置"宽度因子"为 0.7；文字"高度"选项设置为 0(此处文字的"高度"选项通常设置为 0，用户在输入文字时再指定文字高度)。

**图 6-4　新建"长仿宋汉字"文字样式**

提示：① 不要选择带@的 Windows 系统中文字体，这种字体是横倒的(如图 6-5)。

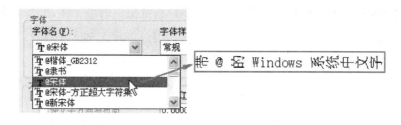

**图 6-5　使用带@的 Windows 系统中文字体**

② 若要创建"宋体"样式，只需在图 6-4【文字样式】对话框中的"字体名"下拉列表框选中"宋体"，并设置"宽度因子"为 1.0 即可。

(2) 同理，可创建与上述"长仿宋汉字"配合使用的"字母与数字"字体样式。再次单击【文字样式】对话框中"新建"按钮，打开【新建文字样式】对话框，输入"字母和数字"样式的名称，并选择字体名称为"Times New Roman"，设置"宽度因子"为 1.0 即可，如图 6-6所示。

(3) 点击"应用"按钮后，再点击"取消"按钮可完成并关闭【文字样式】对话框。

2) 创建"大字体"文字样式

AutoCAD 提供的大字体与上述文字样式不同，可以定义一个文字样式，同时用来注写汉字、字母和数字。

下面以"大字体"文字样式为例，介绍符合土木工程制图标准的大字体样式的创建方法和步骤。

(1) 单击【文字样式】对话框中"新建"按钮，在打开的【新建文字样式】对话框中输入"大

**图 6-6　新建"字母与数字"文字样式**

字体"样式名称,单击"确定"按钮,返回【文字样式】对话框。

(2) 勾选"使用大字体"复选框,从"SHX 字体"下拉列表框中指定新样式的字体名称 "gbenor. shx",然后在右边的"大字体"下拉列表框中选择"gbcbig. shx",并设置"宽度因子" 为 1.0,如图 6-7 所示。

提示:gbenor. shx 和 gbcbig. shx 是 AutoCAD 提供的符合我国制图标准的字体类型,支 持汉字、数字、字母以及一些特殊符号的注写。

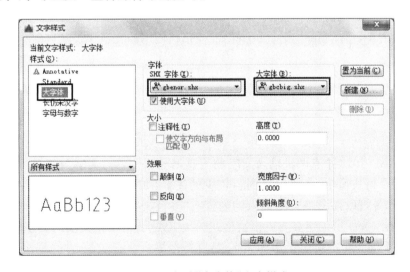

**图 6-7　新建"大字体"文字样式**

### 6.1.3　将文字样式置为当前

文字样式创建后需要将其置为当前,之后书写的文字才能沿用此样式的相关设置,其方 法有:

（1）在【文字样式】对话框中的"样式"选项下，双击需要置为当前的文字样式，或者选中某个文字样式后点击"置为当前"按钮即可。如双击图6-7中"样式"选项下的"大字体"样式，此时上方"当前文字样式"名称显示为"大字体"。

（2）在【样式】工具栏的"文字样式"下拉列表框中选择需要置为当前的文字样式，如图6-8中将"大字体"置为当前。

**图6-8 用【样式】工具栏将"大字体"置为当前**

（3）在输入文字过程中，选择"样式（S）"选项，指定要使用的文字样式。

### 6.1.4 修改和删除文字样式

在【文字样式】对话框中的"样式"列表下选中需要修改的文字样式名称，直接修改其字体、大小和效果设置，点击"应用"按钮即可，此时所有采用该样式书写的文字均自动修改为新样式。

在【文字样式】对话框中的"样式"列表下选中需要删除的标注样式，点击右侧的"删除"按钮，或者单击鼠标右键，选择"删除"命令即可。

必须注意的是，不能删除"当前文字样式"或正在使用的文字样式。

## 6.2 文字的输入

在AutoCAD 2016中有两种输入文字的工具，分别是"单行文字"和"多行文字"。其中"单行文字"命令格式简单，主要用于内容较少的注释，如图中引注说明、部件序号、表格内容、标题栏文字等可以在图中直接输入的内容。"多行文字"命令则通过一个类似于Word的"在位编辑器"，为图形创建具有更丰富格式的文字说明，常用于大段的文字内容或有特殊格式的文字注释，如施工说明、上下标文字、特殊符号等。

### 6.2.1 单行文字

用"单行文字"命令创建一行或多行文字时，每行文字都是独立的对象，可单独对其进行重定位、调整格式或进行其他修改。执行"单行文字"命令的方法有：

（1）命令行：TEXT 或 DTEXT

（2）菜单栏：【绘图】菜单→"文字"→"单行文字"命令

（3）【文字】工具栏→"单行文字"按钮 **AI**

执行"单行文字"命令后，AutoCAD命令行提示如下：

命令：dtext↙

当前文字样式："Standard"　文字高度：　2.5000　注释性：　否

指定文字的起点或[对正(J)/样式(S)]：

指定高度＜2.5000＞：

指定文字的旋转角度＜0＞：

1）选项说明

（1）指定文字起点：AutoCAD 2016默认通过指定单行文字起点位置创建文字。

（2）对正(J)：用于设置文字对齐方式，若用户在未指定文字的起点前输入"J"选项，命令行将显示以下提示信息：

[对齐(A)/布满(F)/居中(C)/中间(M)/右对齐(R)/左上(TL)/中上(TC)/右上(TR)/左中(ML)/正中(MC)/右中(MR)/左下(BL)/中下(BC)/右下(BR)]：

用户可根据提示选择需要的对正选项，其中各对正选项的对齐方式如图6-9所示。

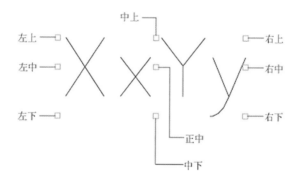

**图6-9　单行文字对正方式**

（3）样式(S)：用于指定当前要使用的文字样式，若用户在未指定文字的起点前输入"S"选项，命令行将显示如下提示信息：

输入样式名或[?]＜Standard＞：（用户可输入已创建好的样式名）

（4）指定高度：指定文字起点后，如果当前文字样式高度为0，系统将显示"指定高度"提示信息，要求输入文字高度，否则不显示该提示信息，而使用文字样式中设置的文字高度。

（5）指定文字的旋转角度：用于设置文字的旋转角度。

2）特殊符号输入

在工程图样中，经常需要输入一些特殊符号，如角度标记、直径符号等，由于这些符号不能由键盘直接输入，AutoCAD 2016提供了相应的输入代码来实现这些特殊符号的注写。表6-3是常用符号的输入代码。

表 6-3　AutoCAD 2016 中常用符号的输入

| 特殊符号 | | 对应代码 |
|---|---|---|
| 角度符号 | ° | %%D |
| 正负符号 | ± | %%P |
| 直径符号 | φ | %%C |
| 百分号 | % | %%% |
| 上划线 | — | %%O |
| 下划线 | — | %%U |

3）单行文字示例

分别用上面创建的"长仿宋体汉字""字母与数字"以及"大字体"三种样式书写的字高为 3.5mm 的单行文字如图 6-10 所示。

底层平面图　（长仿宋体）

1:100  45°  Ø12  ±0.000  (Times New Roman)

底层平面图　1:100　45°　Ø12　±0.000　（大字体）

图 6-10　单行文字示例

4）对正

在指定位置书写单行文字时，需要采用各种对正方式辅助，例如要在图 6-11（a）所示的表格内注写文字以达到图 6-11（d）的效果。AutoCAD 具体操作和命令行提示如下：

命令：dtext↙

当前文字样式："长仿宋汉字"　文字高度：2.5000　注释性：否

指定文字的起点或［对正（J）/样式（S）］：j↙（输入"对正"选项并回车）

输入选项

［对齐（A）/布满（F）/居中（C）/中间（M）/右对齐（R）/左上（TL）/中上（TC）/右上（TR）/左中（ML）/正中（MC）/右中（MR）/左下（BL）/中下（BC）/右下（BR）］：mc↙（输入"正中"对正选项并回车）

指定文字的中间点：（捕捉图 6-11（b）中辅助对角线的中点为文字中间点，也可采用对象捕捉和对象追踪方式指定文字的中间点）

指定高度＜2.5000＞：3.5↙（输入文字高度）

指定文字的旋转角度＜0＞：↙（无旋转角度时直接回车）

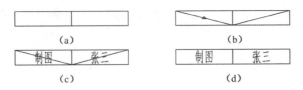

图 6-11　单行文字对正示例

在出现的单行文字输入窗口中输入"制图"或"张三"后结束单行文字命令，并删除辅助对角线即可。

### 6.2.2　多行文字

用"多行文字"命令创建文字说明时，所有文字都是一个整体，可同时对其进行重定位、调整格式或进行其他修改。执行"多行文字"命令的方法有：

（1）命令行：MEXT

（2）菜单栏：【绘图】菜单→"文字"→"多行文字"命令

（3）【文字】工具栏→"多行文字"按钮 **A**

执行"多行文字"命令后，用户根据命令行的提示可指定一个用来放置多行文字的矩形区域，此时将打开图 6-12 所示的【文字格式】工具栏和【多行文字编辑器】。

其中【多行文字编辑器】用于输入多行文字的内容，【文字格式】工具栏用于设置和编辑多行文字的显示格式。多行文字内容和格式确定后，点击【文字格式】工具栏右上角的"确定"按钮即可插入图形中的指定位置，插入效果如图 6-13 所示。

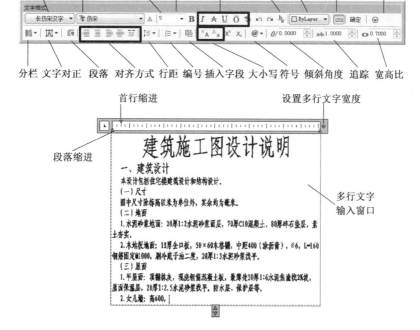

图 6-12　【文字格式】工具栏和【多行文字编辑器】

### 建筑施工图设计说明

一、建筑设计

本设计包括住宅楼建筑设计和结构设计。

（一）尺寸

图中尺寸除标高以米为单位外,其余均为毫米。

（二）地面

1. 水泥砂浆地面:20厚1:2水泥砂浆面层,70厚C10混凝土,80厚碎石垫层,素土夯实。

2. 木地板地面:18厚企口板,50×60木格栅,中距400(涂沥青),φ6,L＝160钢筋固定@1000,刷冷底子油二度,20厚1:3水泥砂浆找平。

（三）屋面

1. 平屋面:顶棚抹灰,现浇钢筋混凝土板,最薄处30厚1:6水泥焦渣找2‰坡,屋面保温层,20厚1:2.5水泥砂浆找平。防水层、保护层等。

2. 女儿墙:高600。

图 6-13　多行文字示例

【文字格式】工具栏中大部分选项的功能与 Word 类似,可以在输入文字前设置字体样式、高度、宽高比等,也可在输入文字后对多行文字的段落及字体特性进行编辑。下面仅介绍大家不太熟悉的"堆叠"和"符号"选项的使用方法。

（1）"堆叠"按钮 ᵇ/ₐ:用于层叠所选的多行文字,如创建上下层叠文字、分数、斜分数等。AutoCAD 提供了三种层叠符号"^""/"和"♯",分别用来将符号左边的文字看做"分子",符号右边的文字看做"分母"来创建不同样式的分数。例如:选中"100＋0.2^−0.1"中的"＋0.2^−0.1"后点击 ᵇ/ₐ 按钮,得到图 6-14(a)所示的公差标注结果;选中"1/2"后点击 ᵇ/ₐ 按钮,得到图 6-14(b)所示的直分数层叠结果;选中"1♯2"后点击 ᵇ/ₐ 按钮,则得到图 6-14(c)所示的斜分数层叠结果。

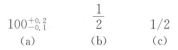

(a)　　　　(b)　　　(c)
图 6-14　堆叠文字示例

（2）"符号"按钮 @·:用于在多行文字中插入特殊符号,点击 @· 按钮,或者点击 ⊙ 按钮后选择"符号"选项,或者在多行文字输入窗口中单击鼠标右键后选择"符号"选项,均可弹出如图 6-15 所示的"符号"快捷菜单,其中包含常用的一些符号命令(如度数"°"、正负"±"、直径"φ"等),用户直接点击某个符号的字符命令选项即可插入相应的特殊符号。

若选择最下部的"其他"选项,还将弹出如图 6-16 所示的【字符映射表】对话框,用于插入更多的特殊符号。例如要插入"@"符号,可在打开的【字符映射表】对话框中选中"@"并点击"选择"按钮,再选中"复制字符"文本框中显示的"@"符号,点击"复制"按钮后回到多行文字输入窗口中,单击鼠标右键选择"粘贴"命令即可。

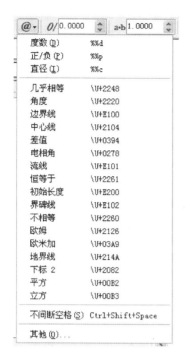

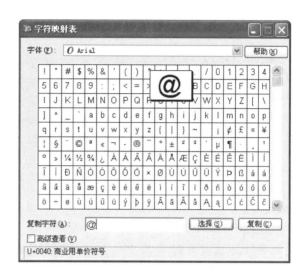

图 6-15  "符号"快捷菜单          图 6-16  【字符映射表】对话框

## 6.3  文字的修改与编辑

在 AutoCAD 2016 中,可以对已注写的文字对象进行修改和编辑,而不必删除再写,如将文字内容、高度、旋转角度进行修改,替换文字的部分内容,将文字移动到新位置等。

### 6.3.1  命令编辑

1) 编辑文字内容

用于修改已注写文字的内容,其命令执行的方式有:

(1) 命令行:DDEDIT

(2)【文字】工具栏→"编辑"按钮

(3) 菜单栏:【修改】菜单→"对象"→"文字"→"编辑"命令

执行"编辑"文字命令后,AutoCAD 命令行提示如下:

命令:ddedit↙

选择注释对象或[放弃(U)]:

此时鼠标变为拾取框形式,用户点选要修改的文字可进入编辑状态。若选择的是单行文字,可直接输入新的内容后按回车键结束本次修改。若选择的是多行文字,可再次打开图6-12所示的【文字格式】工具栏和【多行文字编辑器】,用户修改相关内容后,单击【文字格式】工具栏上的"确定"按钮即可。

"编辑文字"命令执行后可根据命令行提示连续多次对单行和多行文字进行修改,若全部修改完毕,按回车键或【Esc】键可结束命令。

2) 编辑文字高度

其命令执行的方式有:

(1) 命令行:SCALETEXT

(2)【文字】工具栏→"缩放"按钮 ▣

(3) 菜单栏:【修改】菜单→"对象"→"文字"→"比例"命令

执行上述修改文字高度命令后,AutoCAD 命令行提示如下:

命令:scaletext↙

选择对象:(选择要修改高度的文字对象)

选择对象:(回车结束选择)

输入缩放的基点选项

[现有(E)/左对齐(L)/居中(C)/中间(M)/右对齐(R)/左上(TL)/中上(TC)/右上(TR)/左中(ML)/正中(MC)/右中(MR)/左下(BL)/中下(BC)/右下(BR)]＜现有＞:(指定缩放的基点或回车)

指定新模型高度或[图纸高度(P)/匹配对象(M)/比例因子(S)]＜2.5＞:(输入新的文字高度并回车)

3) 编辑文字对正方式

其命令执行的方式有:

(1) 命令行:JUSTIFYTEXT

(2)【文字】工具栏→"对正"按钮 ▣

(3) 菜单栏:【修改】菜单→"对象"→"文字"→"对正"命令

执行"对正"命令后,AutoCAD 命令行提示如下:

命令:justifytext↙

选择对象:(选择要修改高度的文字对象)

选择对象:(回车结束选择)

输入对正选项

[左对齐(L)/对齐(A)/布满(F)/居中(C)/中间(M)/右对齐(R)/左上(TL)/中上(TC)/右上(TR)/左中(ML)/正中(MC)/右中(MR)/左下(BL)/中下(BC)/右下(BR)]＜左对齐＞:(输入新的对正选项并回车)

### 6.3.2 "特性"编辑

当需要一次修改文字的多个参数时,可采用【快捷特性】面板或【特性】选项板来完成。

1)【快捷特性】面板

在"快捷特性"按钮  打开状态下,选中文字对象显示其相应的【快捷特性】面板,如图 6-17 所示。在该面板中用户可对文字对象的图层、内容、样式、注释性、对正、高度、旋转等直接进行修改。

2)【特性】选项板

与【快捷特性】面板类似,先选中需要编辑的文字对象,执行"特性"命令,打开如图 6-18 所示的【特性】选项板进行修改。

图 6-17 【快捷特性】面板

图 6-18 【特性】选项板

### 6.3.3 查找与替换

在进行文字编辑时,常需要在大量的文字内容中选择其中的一部分进行更改,此时可以使用 AutoCAD 中提供的"查找与替换"命令来完成。调用"查找与替换"命令的方法有:

(1)命令行:FIND

(2)菜单栏:【编辑】菜单→"查找"命令

(3)【文字】工具栏→"查找"按钮 

采用上述任一方式执行命令后,AutoCAD 弹出如图 6-19 所示的【查找和替换】对话框,通过该对话框输入相应的"查找内容"和"替换为"内容,点击"替换"按钮逐个替换或点击"全部替换"按钮替换图形中的全部文字内容。

图 6-19　【查找和替换】对话框

# 6.4　创建表格

表格是由包含注释(以文字为主,也可包含多个块)的单元构成的矩形阵列。在 Auto-CAD 2016 中,用户可以使用创建表格命令创建表格,也可以从 Microsoft Excel 中直接复制表格,并将其作为 AutoCAD 表格对象粘贴到图形中,还可以从外部直接导入表格对象。

## 6.4.1　新建表格样式

与文字一样,在插入表格前,应先建立合适的表格样式。AutoCAD 2016 的表格样式是通过图 6-20 所示的【表格样式】对话框进行创建和修改的,调用该对话框的方法有:

(1) 命令行:TABLESTYLE

(2) 菜单栏:【格式】菜单→"表格样式"命令

(3)【格式】工具栏→"表格样式"按钮 

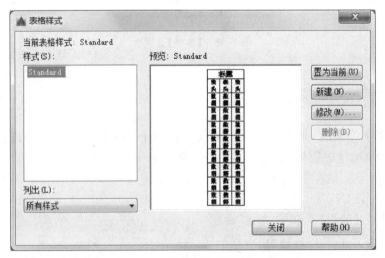

图 6-20　【表格样式】对话框

下面以"材料表"为例,介绍新表格样式的创建方法和步骤。

(1) 单击【表格样式】对话框中"新建"按钮,打开如图 6-21 所示的【创建新的表格样式】

对话框。通过该对话框中的"新样式名"文本框指定新样式的名称,如"材料表";通过"基础样式"下拉列表框确定用来创建新样式的基础样式,如"Standard"。

(2)单击"继续"按钮,AutoCAD弹出如图 6-22 所示的【新建表格样式】对话框,利用此对话框可根据用户需要对新标注样式的各项参数和特性进行设置。

图 6-21 【创建新的表格样式】对话框    图 6-22 【新建表格样式】对话框

该对话框中主要选项的功能说明如下:

① 起始表格:用于指定一个已有表格作为新建表格样式的起始表格。

② 表格方向:用于确定插入表格时的方向,有"向下"和"向上"两个选择。

③ 预览框:用于显示新创建表格样式的表格预览图像。

④ 单元样式:可以在"单元样式"选项的下拉列表框中选择"标题""表头"和"数据"选项用于分别设置表格的数据、标题和表头所对应的样式。当用户选择某个选项

图 6-23 【常规】选项卡

(如"数据")后,可以通过下部的【常规】【文字】和【边框】三个选项卡分别设置表格中的基本内容、文字和边框,如图 6-23~图 6-25 所示。

图 6-24 【文字】选项卡    图 6-25 【边框】选项卡

完成表格样式的设置后,单击【新建表格样式】对话框中"确定"按钮,以及【表格样式】对话框中"确定"按钮关闭对话框,完成新表格样式的定义。

### 6.4.2 创建表格

完成设置表格样式后,就可以使用该表格样式创建新表格。创建表格时,先创建空表格,然后在表格的单元中逐个添加内容即可。调用"表格"命令的方法有:

(1) 命令行:TABLE

(2) 菜单栏:【绘图】菜单→"表格"命令

(3)【绘图】工具栏→"表格"按钮 ▦

按照上述方式执行命令后,AutoCAD 弹出如图 6-26 所示的【插入表格】对话框,插入表格的具体操作步骤如下:

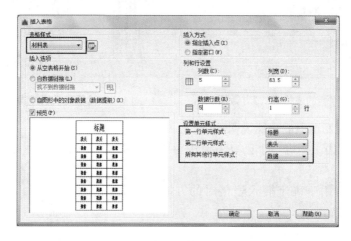

**图 6-26 【插入表格】对话框**

(1) 在【插入表格】对话框中的"表格样式"下拉列表中,选择要插入的表格样式,如"材料表"。

(2) 在"插入选项"中,选择"从空表格开始"单选钮。

(3) 在"插入方式"选项中,选择"指定插入点"单选钮。此时表示先指定"行数""列数""行高""列宽"等参数后在绘图区指定插入表格;如果选择"指定窗口"单选钮,则表示先指定"列数"和"行高"参数,然后在绘图区拖出一个窗口,系统自动计算出相应的"行数"和"列宽"绘制表格。

(4) 在"设置单元样式"选项中,分别为"第一行""第二行"和"其他行"选择单元样式,如图 6-26 所示。

完成以上设置后,单击"确定"按钮即在绘图区显示相应的表格和【文字格式】工具栏,且光标在表格的第一个单元格内闪烁,此时可输入表格内容,如"材料表"(见图 6-27)。若要在其他单元格内输入内容,可按键盘上的方向键【←↑→↓】或 Tab 键在各单元格之间切换,或者用鼠标双击该单元格,然后在光标提示下输入相应内容即可,如图 6-28 所示。

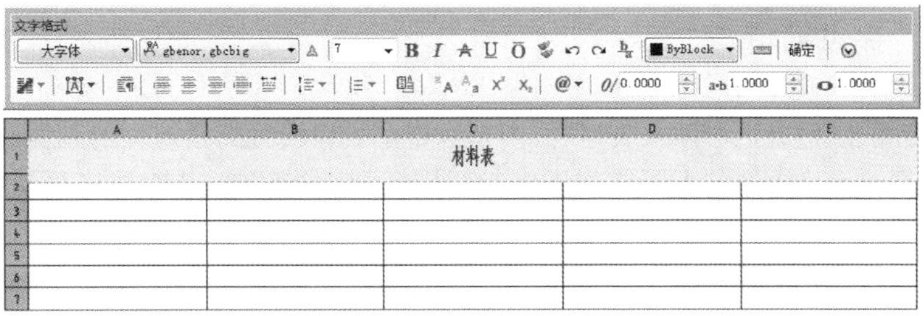

图 6-27 输入表格内容

| 材料表 | | | | |
|---|---|---|---|---|
| 编号 | 名称 | 规格 | 单位 | 安装 |
| 1 | | | | |
| 2 | | | | |
| 3 | | | | |
| 4 | | | | |
| 5 | | | | |

图 6-28 材料表

# 6.5 编辑表格

表格创建完成后，通常需要对表格的尺寸、单元格内容、单元格格式等进行修改。AutoCAD 2016 提供了多种方式进行表格编辑，包括夹点编辑、选项板编辑和快捷菜单编辑等方式。

## 6.5.1 选择表格

在编辑表格之前，通常需要选中表格，其方法有：

(1) 用鼠标选择表格的边框，则整个表格被选中。

(2) 用鼠标在某一单元格内单击，则这个单元格被选中。

(3) 在选中一个单元格的基础上，按住【Shift】键并在另一单元格内单击，则可以同时选中这两个单元格及它们之间的所有单元格。

(4) 在单元格内单击鼠标并拖动，与选择边框相交的单元格均会被选中。

### 6.5.2　夹点编辑

使用【插入表格】对话框插入表格时,由于对整个表格设置的是统一的列宽和行高,在表格插入后根据单元格内容的不同往往需要对个别单元进行调整,此时可以采用夹点编辑功能来实现。

(1) 当选中整个表格时,会在表格的四个角点和各列的顶点处出现蓝色的夹点,通过激活并拖动这些夹点可以实现移动表格、均匀改变表格行高或列宽、改变某一列的列宽、打断表格等编辑操作(如图 6-29)。

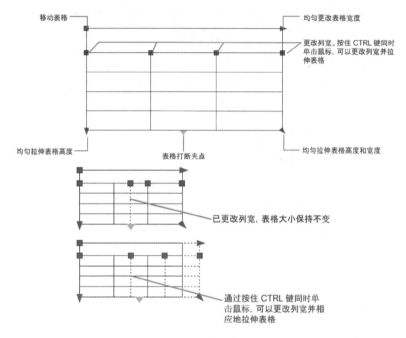

图 6-29　夹点编辑整个表格

(2) 当选中一个或几个单元格时,会在单元格边框的中央和右下角出现夹点,通过激活并拖动这些夹点可以调整单元格所在行的行高和所在列的列宽(如图 6-30)。

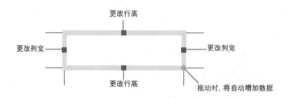

图 6-30　夹点编辑单元格

### 6.5.3　【特性】选项板编辑

已经创建的表格,也可以使用【特性】选项板进行编辑。

1）对整个表格的"特性"编辑

选中表格后右键选择"特性"选项，可打开图 6-31 所示的【特性】选项板，用来编辑表格的各项参数和设置。

其中，【常规】选项卡用于编辑表格的"颜色""图层""线型""线宽"等参数（如图 6-31(a)）；【表格】选项卡用于编辑表格所使用的"表格样式"、""表格方向"、整个表格的"宽度"和"高度"等参数（如图 6-31(b)）；【几何图形】选项卡用于编辑表格插入点的"坐标"（如图6-31(c)）；【表格打断】选项卡用于编辑是否将表格打断为多个部分，以及表格打断后次要部分的"方位"、"标签"、"高度"、与主要部分"间距"等参数（如图 6-31(d)）。

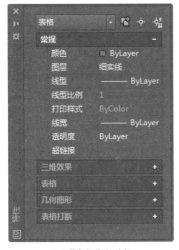

(a)【常规】选项卡

(b)【表格】选项卡

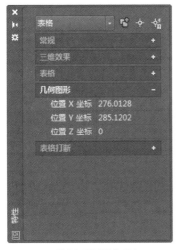

(c)【几何图形】选项卡

(d)【表格打断】选项卡

图 6-31 【特性】选项板编辑整个表格

2）对表格中某个单元格的"特性"编辑

选中表格中的某个单元格后右键选择"特性"选项，可打开如图 6-32 所示的【特性】选项板，用来编辑该单元格的各项参数和设置。

其中，【单元】选项卡用于编辑该单元格所使用的"单元样式"、"行样式"和"列样式"、单元"宽度"和"高度"、单元数据"对齐"方式、"背景颜色"、单元格"边界线颜色"等参数(如图 6-32(a));【内容】选项卡用于编辑该单元格"内容"、所使用的"文字样式"、"文字高度"、"颜色"等参数(如图 6-32(b))。

(a)【单元】选项卡

(b)【内容】选项卡

图 6-32 【特性】编辑表格的单元格

### 6.5.4 快捷菜单编辑

对于已创建表格中的某一单元格,用户还可以使用鼠标右键快捷菜单中相应的命令选项来快速进行编辑(如图 6-33)。

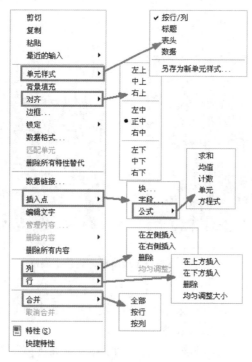

图 6-33 右键快捷菜单的编辑命令

## 复习思考题

### 一、填空题

1. 国标规定工程图中的汉字采用_____,字高与字宽的比例大约为_____。

2. AutoCAD 2016 提供的符合我国土建制图标准的大字体类型是_____和_____。

3. 在 AutoCAD 2016 中输入特殊符号"°"对应的字符代码是_____,"φ"对应的字符代码是_____,"±"对应的字符代码是_____。

4. 在多行文字中创建 $\frac{3}{4}$ 对应输入的字符串是_____,创建 $\frac{1}{8}$ 对应输入的字符串是_____。

5. AutoCAD 2016 提供了多种方式进行表格编辑,包括_____编辑、_____编辑和_____编辑等方式。

### 二、上机操作题

1. 绘制如图 6-34 所示的标题栏,并在相应的空格中创建单行文字,其中"××××大学"字高 10 mm,其余字高 5 mm,对齐方式"正中"。

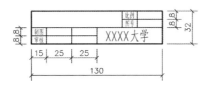

**图 6-34　标题栏**

2. 用长仿宋体创建图 6-35 所示的图纸说明,要求字高 5 mm。

　　方桩承台构造和施工说明:

　　(1) 承台混凝土强度等级不低于 C20,垫层混凝土强度等级取 C10,厚度为 100 mm。

　　(2) 桩顶嵌入承台内长度取 50 mm,桩身纵筋伸入承台内锚固长度 HPB235 小于 30 倍纵筋直径,HPB 335 不小于 35 倍纵筋直径。

　　(3) 承台保护层厚度取 50 mm。

　　(4) 承台周围的回填土应夯实至干密度不小于《建筑地基基础设计规范》对填土的要求。

　　(5) 桩施工完毕验收合格后方可施工桩承台。

**图 6-35　图纸说明**

3. 创建图 6-36 所示的平面图门窗表(出图比例 1:100),要求采用"大字体"样式,且出图后表格标题字高 7 mm,表头字高 5 mm,数据行字高 3.5 mm。

门窗表

| 类型 | 设计编号 | 洞口尺寸(mm) | 数量 | 备　　注 |
|---|---|---|---|---|
| 门 | M1 | 2000×2000 | 3 | |
| | M2 | 1500×2000 | 1 | |
| | M3 | 800×2000 | 1 | |
| | M4 | 1000×2000 | 11 | |
| 窗 | C1 | 1800×1500 | 10 | 窗台高 800 |
| | C2 | 1500×900 | 3 | 窗台高 1500 |
| | C4 | 1500×1000 | 2 | 窗台高 1200 |
| 凸窗 | C3 | 2100×1500 | 3 | 窗台高 500,凸出 600 |

**图 6-36　门窗表**

# 7 尺寸标注

尺寸标注在土木工程制图中非常重要,一般除了画出工程形体的形状外,还必须标注尺寸以确定其大小,作为工程建筑的施工依据。AutoCAD 2016 提供了方便、准确的多种尺寸标注方法,以适应不同工程制图的需要。本章主要介绍尺寸标注样式的设置、各种尺寸标注方法等。

## 7.1 尺寸标注概述

### 7.1.1 尺寸标注的组成与规定

制图标准规定图样上的尺寸由尺寸界限、尺寸线、尺寸起止符号和尺寸数字四部分组成,如图 7-1(a)所示。

尺寸界线应用细实线绘制,一般应与被注长度垂直,其一端应离开图样的轮廓线不小于 2 mm,另一端宜超出尺寸线 2~3 mm。

尺寸线也应用细实线绘制,并应与被注长度平行,但不宜超出尺寸界线之外。图样上任何图线都不得用作尺寸线。

尺寸起止符号一般用中粗斜短线绘制,其倾斜方向应与尺寸界线成顺时针 45°角,长度宜为 2~3 mm。半径、直径、角度及弧长的尺寸起止符号宜用箭头表示,如图 7-1(b)所示。

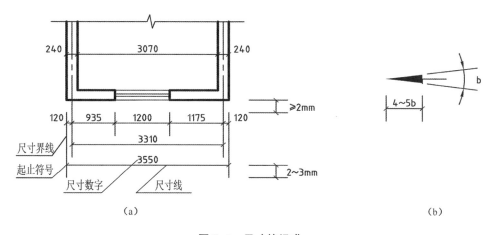

(a)　　　　　　　　　　　　　　　　(b)

**图 7-1　尺寸的组成**

　　图样上标注的尺寸,除标高及总平面图以米为单位外,其他均以毫米为单位,图上尺寸数字都不再注写单位。一般情况下,水平尺寸,数字写在尺寸线上方,字头向上;竖直尺寸,数字写在尺寸线左侧,字头向左;倾斜尺寸,数字写在尺寸线偏上一侧,字头有向上的趋势,如图 7-2(a)所示;若尺寸数字在 30°斜线区内,则采用图 7-2(b)的形式注写。

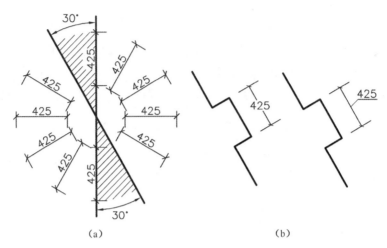

图 7-2　尺寸数字的注写方向

　　对于狭小部位的尺寸标注,在尺寸线上方中部没有足够位置注写数字时,可按图 7-3 的方式注写在外部或错开注写。

图 7-3　小尺寸的注写位置

　　互相平行的尺寸线,应从被注写的图样轮廓线由近向远整齐排列,注意小尺寸在里面,大尺寸在外面。离图样轮廓线最近的尺寸线,其间距不宜小于 10 mm。尺寸线之间的间距,宜为 7～10 mm,并应保持一致。

　　标注半径、直径、角度和弧长时,尺寸起止符号用箭头表示,角度标注的尺寸数字应沿尺寸线方向注写或水平书写,其中沿尺寸线方向注写为 AutoCAD 系统自动标注形式,水平书写需手动设置,如图 7-4 所示。

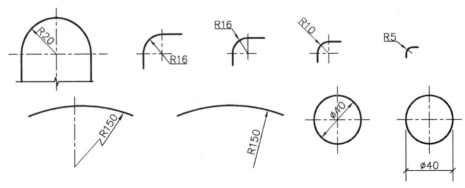

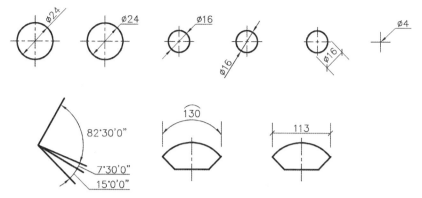

图7-4　半径、直径、角度、弧长和弦长的尺寸注法

## 7.1.2　尺寸标注工具栏

工程图样中尺寸标注的类型有很多,如长度尺寸、径向尺寸、角度和弧长尺寸的标注等。为了满足需要,AutoCAD 2016 提供了一系列相应的标注命令来实现,如线性标注、半径和直径标注、角度标注命令等。这些命令都有对应的命令名,或集中在【标注】工具栏(图7-5)和【标注】菜单(图7-6)中。

图7-5　【标注】工具栏

图7-6　【标注】菜单

### 7.1.3 AutoCAD 尺寸标注的原则

一般情况下,为了便于尺寸标注的统一和绘图方便,在 AutoCAD 中标注尺寸应遵循以下原则:

(1) 建立专门的标注图层,便于修改和管理。

(2) 创建专门的文字样式用于尺寸标注。

(3) 创建符合土木工程专业制图标准的标注样式。

(4) 尽量采用 1∶1 的比例绘图,便于尺寸标注,而无须比例换算。

# 7.2 尺寸标注样式

### 7.2.1 新建标注样式

尺寸标注样式(简称标注样式)用于设置尺寸标注的具体格式,如尺寸文字的样式、高度、调整比例、尺寸线、尺寸界线以及尺寸箭头的类型设置等,以满足不同行业或不同国家的尺寸标注要求。在进行尺寸标注前,应先建立合适的标注样式。

1) 标注样式管理器

AutoCAD 2016 的尺寸标注样式是通过图 7-7 所示的【标注样式管理器】对话框进行创建和修改的,调用该对话框的方法有:

(1) 命令行:DIMSTYLE

(2) 菜单栏:【格式】菜单→"标注样式"命令或【标注】菜单→"标注样式"命令

(3) 【格式】工具栏→"标注样式"按钮 

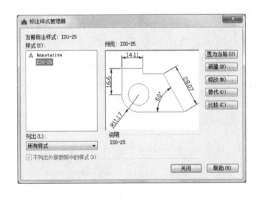

图 7-7 【标注样式管理器】对话框

图 7-8 【创建新标注样式】对话框

2) 创建新标注样式

下面以"建施图标注"为例,介绍符合土木工程制图标准的尺寸样式的创建方法和步骤。

（1）单击【标注样式管理器】中"新建"按钮，打开如图7-8所示的【创建新标注样式】对话框。通过该对话框中的"新样式名"文本框指定新样式的名称，如"建施图标注"；通过"基础样式"下拉列表框确定用来创建新样式的基础样式，如"ISO—25"；通过"用于"下拉列表框来确定新建标注样式的适用范围，其中有"所有标注""线性标注""角度标注""半径标注""直径标注""坐标标注"和"引线和公差"等选项，分别用于使新样式适于对应的标注。用户可先选择用于"所有标注"，之后再建立对应的"线性标注""角度标注""半径标注""直径标注"等子标注样式。

（2）确定新样式的名称和有关设置后，单击"继续"按钮，AutoCAD弹出如图7-9所示的【新建标注样式】对话框，利用此对话框可根据土木工程制图标准中尺寸标注的规定对新标注样式的各项参数和特性进行设置。

3）新建标注样式选项卡设置

【新建标注样式】对话框中包含有【线】【符号和箭头】【文字】【调整】【主单位】【换算单位】和【公差】七个选项卡，下面分别介绍其使用和设置方法。

（1）【线】选项卡：用于设置尺寸线和尺寸界线的格式与属性，其中"尺寸线"选项组用于设置尺寸线的样式，"延伸线"选项组用于设置尺寸界线的样式，预览窗口可根据当前样式设置显示出对应的标注效果示例。根据土木工程制图标准中尺寸标注的规定通常需要特别设置的有"基线间距"、"超出尺寸线"和"起点偏移量"等数值，如图7-9所示。

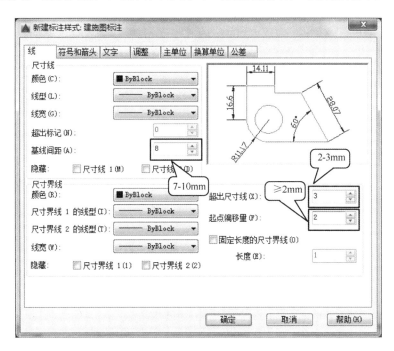

图7-9　【线】选项卡

（2）【符号和箭头】选项卡：用于设置尺寸箭头、圆心标记、弧长符号以及半径标注折弯方面的格式等，通常需要特别设置的有"箭头"选项组，用来确定尺寸起止符号的样式，如图7-10所示，是将其设置为"线性标注"时所使用的45°斜线形式。

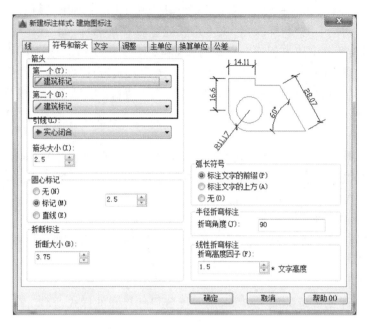

图 7-10 【符号和箭头】选项卡

(3)【文字】选项卡:用于设置尺寸文字的外观、位置以及对齐方式等,通常需要特别设置的有"文字样式"的名称、"文字高度"的数值、"文字位置"选项组和"文字对齐"选项组,如图 7-11 所示。

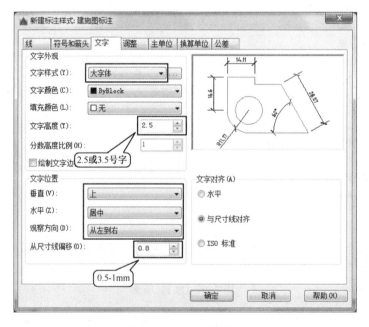

图 7-11 【文字】选项卡

(4)【调整】选项卡:用于控制尺寸文字、尺寸线以及尺寸箭头等的位置和其他一些特征,其中"调整选项"选项组可确定当尺寸界线之间没有足够的空间同时放置尺寸文字和箭头时,应首先从尺寸界线之间移出尺寸文字和箭头的哪一部分,用户可通过该选项组中的各单选按钮进行选择;"文字位置"选项组可确定当尺寸文字不在默认位置时,应将其放在何处;"标注特征比例"选项组可设置所标注尺寸的缩放关系;"优化"选项组可设置标注尺寸时是否进行附加调整。通常需要特别设置的有"调整选项"选项组、"文字位置"选项组和"使用全局比例"的数值,如图7-12所示。

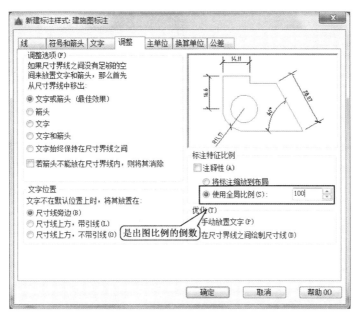

图 7-12 【调整】选项卡

(5)【主单位】选项卡:用于设置主单位的格式、精度以及尺寸文字的前缀和后缀等。通常需要特别设置的有"单位格式""精度""小数分隔符"和"测量单位比例因子",如图7-13所示。

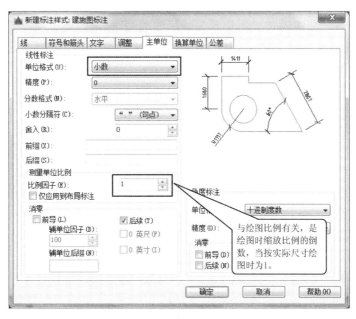

图 7-13 【主单位】选项卡

【换算单位】和【公差】选项卡在土建制图中一般不用,这里不再介绍。

利用【新建标注样式】对话框设置样式后,单击对话框中的"确定"按钮,返回到【标注样式管理器】对话框(图 7-14),单击对话框中的"关闭"按钮关闭对话框,完成尺寸标注样式的设置。

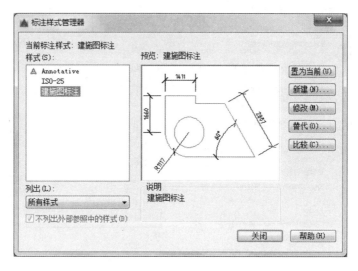

图 7-14 新建"建施图标注"样式后的【标注样式管理器】对话框

### 7.2.2 新建标注子样式

前面创建的"建施图标注"样式虽然是按照制图标准设置的,但在土建制图尺寸标注中却不完全通用,因为箭头选项设置为 45°斜线只适合线性尺寸的标注,而半径、直径和角度的尺寸起止符号需用实心闭合箭头,且角度标注时尺寸数字必须水平书写。所以针对不同的图样只有一个标注样式显然是不能满足要求的,通常还要单独设置半径、直径和角度的标注参数,也就是在已创建好的标注样式基础上再新建子样式,方法如下(以半径为例):

(1) 在【标注样式管理器】对话框中单击"新建"按钮,再次打开【创建新标注样式】对话框,在"基础样式"下拉列表框中选择已创建好的"建施图标注"样式,在"用于"下拉列表中选择"半径标注",如图 7-15 所示。

(2) 单击"继续"按钮,弹出【新建标注样式:建施图标注:半径】对话框,可以对箭头、文字对齐、调整选项等进行单独设置,如图 7-16 和图 7-17 所示。

同理,也可设置相应的"直径"和"角度"子样式。其中"直径"子样式设置与半径类似;"角度"子样式设置除了将"建筑标记"改为"实心闭合箭头"外,还需将【文字】选项卡中"文字位置"的"垂直"选项改为"外部","文字对齐"选为"水平"或"与尺寸线对齐"均可,如图 7-18 所示。

各种标注子样式设置后,单击对话框中的"确定"按钮,返回到【标注样式管理器】对话框,图 7-19 显示的即为"建施图标注"及其子样式。

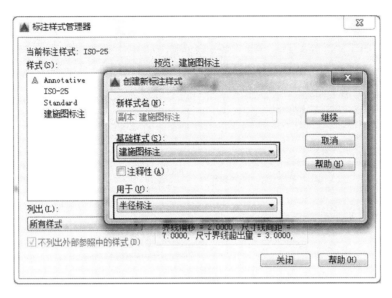

图 7-15 新建"半径标注"子样式对话框

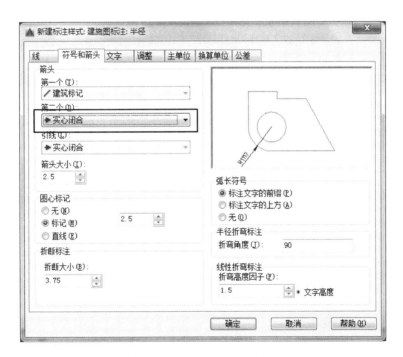

图 7-16 新建"半径标注"子样式【符号和箭头】选项卡

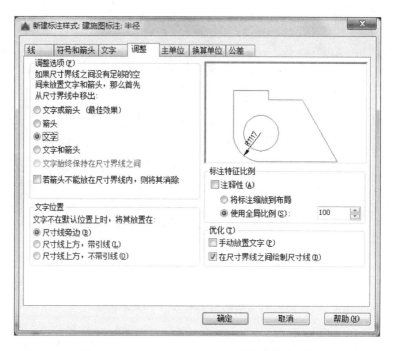

图 7-17　新建"半径标注"子样式【调整】选项卡

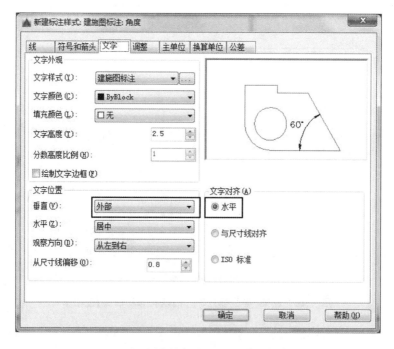

图 7-18　新建"角度标注"子样式【文字】选项卡

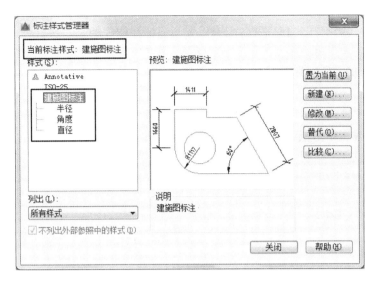

图 7-19 完成创建标注子样式

### 7.2.3 将标注样式置为当前

标注样式创建后需要将其置为当前,之后标注的图形尺寸才能沿用此样式的相关设置,其方法有:

(1)在【标注样式管理器】中的"样式"列表下,双击需要置为当前的标注样式;或者选中某个标注样式后点击"置为当前"按钮即可。如双击图 7-19 中的"建施图标注",此时上方"当前标注样式"名称显示为"建施图标注"。

(2)在【样式】工具栏的"标注样式"下拉列表框中选择需要置为当前的标注样式,如图7-20 中将"建施图标注"置为当前。

图 7-20 【样式】工具栏

(3)在【标注】工具栏的"标注样式"下拉列表框中选择需要置为当前的标注样式,如图7-21 中将"建施图标注"置为当前。

图 7-21 【标注】工具栏

### 7.2.4 修改和替代标注样式

在【标注样式管理器】对话框左侧"样式"列表下选中需要修改的标注样式,单击"修改"按钮,可弹出【修改标注样式】对话框,可对该样式的参数进行修改。

在【标注样式管理器】对话框左侧"样式"列表下选中需要替代的标注样式,单击"替代"按钮,可弹出【替代当前样式】对话框,用来设置当前标注样式的临时替代样式。

### 7.2.5　删除标注样式

在【标注样式管理器】对话框左侧"样式"列表下选中需要删除的标注样式,直接按"DE-LETE"键删除,或者单击鼠标右键,选择"删除"命令即可。

必须注意的是,不能删除"当前标注样式"或正在使用的标注样式。

## 7.3　尺寸标注命令

标注样式创建后将其置为当前,即可标注图形尺寸,AutoCAD 2016 提供的标注命令繁多,本节仅介绍在土木工程制图中常用的几种标注命令的用法。

### 7.3.1　线性标注

"线性"标注命令主要用来标注图形对象在水平方向和竖直方向的尺寸,其命令执行的方式有:

(1) 命令行:DIMLINEAR

(2) 菜单栏:【标注】菜单→"线性"命令

(3)【标注】工具栏→"线性"按钮 ⊣

执行"线性"标注命令后,AutoCAD 命令行提示如下:

命令:dimlinear↙

指定第一条延伸线原点或<选择对象>:(捕捉尺寸标注起点)

指定第二条延伸线原点:(捕捉尺寸标注终点)

指定尺寸线位置或

[多行文字(M)/文字(T)/角度(A)/水平(H)/垂直(V)/旋转(R)]:(用鼠标将尺寸线拖至合适位置)

在此提示下用户可通过拖动鼠标的方式确定尺寸线的位置并自动测量出距离,如图 7-22 中标注的 6000 和 4000。用户也可输入相应选项以满足不同的标注需要,其中"多行文字"选项用于采用【文字编辑器】输入尺寸文字,"文字"选项用于手工输入尺寸文字(此时可任意指定尺寸文字内容),"角度"选项用于确定尺寸文字的旋转角度,"水平"选项用于沿水平方向标注尺寸,"垂直"选项用于沿垂直方向标注尺寸,"旋转"选项用于沿指定的方向旋转标注尺寸。

### 7.3.2　对齐标注

"对齐"标注通常用于标注斜线段的尺寸,其命令执行的方式有:

(1) 命令行:DIMALIGNED

(2) 菜单栏:【标注】菜单→"对齐"命令

(3)【标注】工具栏→"对齐"按钮

执行"对齐"标注命令后,AutoCAD 命令行提示和操作同"线性"标注,如图 7-22 中"7211"即为对齐标注。

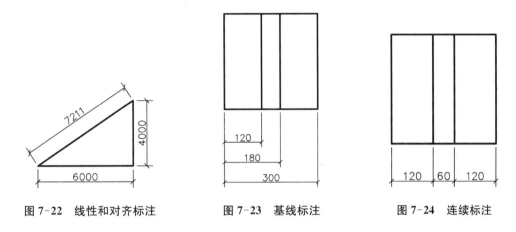

图 7-22　线性和对齐标注　　　　图 7-23　基线标注　　　　图 7-24　连续标注

### 7.3.3　基线标注

"基线"标注指各尺寸线从同一条尺寸界线处引出,小尺寸在内、大尺寸在外的标注形式。必须注意的是,在"基线"标注前需先用"线性"标注第一个尺寸,其命令执行的方式有:

(1) 命令行:DIMBASELINE

(2) 菜单栏:【标注】菜单→"基线"命令

(3)【标注】工具栏→"基线"按钮

执行"基线"标注命令后,若标注图 7-23 中所示的尺寸,AutoCAD 命令行提示如下:

命令:dimbaseline↙

选择基准标注:(可选择已有的线性标注作为第一个小尺寸,若用户线性标注第一个尺寸后立即执行基线标注命令则无此项提示)

指定第二条延伸线原点或[放弃(U)/选择(S)]＜选择＞:(捕捉第二层尺寸标注的端点)

标注文字＝180

指定第二条延伸线原点或[放弃(U)/选择(S)]＜选择＞:(捕捉第三层尺寸标注的端点)

标注文字＝300

指定第二条延伸线原点或[放弃(U)/选择(S)]＜选择＞:(标注出全部尺寸后,在同样的提示下按【Enter】键或【Space】键,结束命令的执行)

### 7.3.4 连续标注

"连续"标注是指在标注出的尺寸中,相邻两尺寸线共用同一条尺寸界线。同"基线"标注一样,在使用前需先标注第一个"线性"尺寸,其命令执行的方式有:

(1) 命令行:DIMCONTINUE

(2) 菜单栏:【标注】菜单→"连续"命令

(3) 【标注】工具栏→"连续"按钮 ⊞

执行"连续"标注命令后,若标注图 7-24 中所示的尺寸,AutoCAD 命令行提示如下:

命令:dimcontinue✓(此时 AutoCAD 自动把上一个尺寸的第二条尺寸界线作为新尺寸标注的第一条尺寸界线标注尺寸)

指定第二条延伸线原点或[放弃(U)/选择(S)]<选择>:(捕捉第二个标注的端点,若要从另外一个尺寸的尺寸界线引出可输入 S 选项,在提示下选择其他标注)

标注文字=60

指定第二条延伸线原点或[放弃(U)/选择(S)]<选择>:(捕捉第三个标注的端点)

标注文字=120

指定第二条延伸线原点或[放弃(U)/选择(S)]<选择>:(标注出全部尺寸后,在同样的提示下按【Enter】键或【Space】键,结束命令的执行)

### 7.3.5 半径、直径和角度标注

"半径"和"直径"标注命令主要用来标注圆弧或圆的半径和直径尺寸,其命令执行的方式有:

(1) 命令行:DIMRADIUS 或 DIMDIAMETER

(2) 菜单栏:【标注】菜单→"半径"或"直径"命令

(3) 【标注】工具栏→"半径"按钮 ⊘ 或"直径"按钮 ⊘

执行相应的"半径"或"直径"标注命令后,根据 AutoCAD 命令行的提示选择要标注的圆弧或圆即可,如图 7-25 所示。

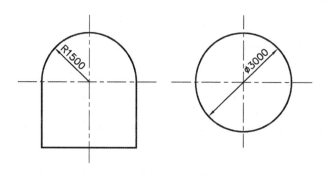 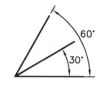

图 7-25 半径和直径标注　　　　图 7-26 角度标注

"角度"标注命令调用的方法有:

(1) 命令行:DIMANGULAR

（2）菜单栏：【标注】菜单→"角度"命令

（3）【标注】工具栏→"角度"按钮 ◢

执行"角度"标注命令后，若标注图 7-26 中所示的尺寸，AutoCAD 命令行提示如下：

命令：dimangular↙

选择圆弧、圆、直线或＜指定顶点＞：（直接按【Enter】键）

指定角的顶点：（捕捉角顶点）

指定角的第一个端点：（捕捉 30°角水平线上任一点作为第一个端点）

指定角的第二个端点：（捕捉 30°角第二条线上任一点作为第二个端点）

指定标注弧线位置或［多行文字（M）/文字（T）/角度（A）/象限点（Q）］：（拖动鼠标确定尺寸线的位置）

标注文字＝30

命令：dimbaseline（执行基线标注命令）

指定第二条延伸线原点或［放弃（U）/选择（S）］＜选择＞：（捕捉 60°角第二个端点）

标注文字＝60

指定第二条延伸线原点或［放弃（U）/选择（S）］＜选择＞：（按【Esc】键结束命令）

### 7.3.6　多重引线标注

"多重引线"标注主要用于对图形进行注释、说明等。

1）多重引线样式

多重引线标注前，用户可根据需要设置多重引线的样式。与标注样式的设置方法类似，多重引线的样式通过图 7-27 所示的【多重引线样式管理器】对话框来完成，其调用的方法有：

（1）命令行：MLEADERSTYLE

（2）菜单栏：【格式】菜单→"多重引线样式"命令

（3）【样式】工具栏→"多重引线样式"按钮 ▱

（4）【多重引线】工具栏→"多重引线样式"按钮 ▱

在该对话框中，单击"新建"按钮，可打开如图 7-28 所示的【创建新多重引线样式】对话框。用户可以通过对话框中的"新样式名"文本框指定新样式的名称后（如"多重引线 1"），单击"继续"按钮，AutoCAD 弹出【修改多重引线样式】对话框，如图 7-29 所示。利用此对话框，

图 7-27　【多重引线样式管理器】对话框

图 7-28　【创建新多重引线样式】对话框

根据用户自身需求对新引线样式的各项参数和特性进行设置。

【修改多重引线样式】对话框中包含有【引线格式】【引线结构】和【内容】三个选项卡,其中【引线格式】选项卡用于设置引线的外观、箭头的样式与大小、引线打断时的距离值等,如图 7-29 所示;【引线结构】选项卡用于设置引线的结构、多重引线中的基线、多重引线标注的缩放关系,如图 7-30 所示;【内容】选项卡用于设置多重引线标注的类型、文字内容、标注出的对象沿垂直方向相对于引线基线的位置等,如图 7-31 所示。

图 7-29 【修改多重引线样式】对话框

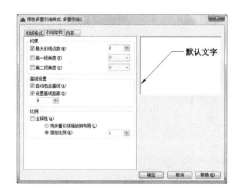

图 7-30 【引线结构】选项卡

图 7-31 【内容】选项卡

2) 多重引线标注

多重引线样式创建后将其置为当前,即可进行多重引线的注释标注。调用"多重引线"标注命令的方法有:

(1) 命令行:MLEADER

(2) 菜单栏:【标注】菜单→"多重引线"命令

(3) 【多重引线】工具栏→"多重引线"按钮

执行"多重引线"标注命令后,若标注图 7-32(a)中所示的注释文字,AutoCAD 命令行提示如下:

命令:mleader↙

指定引线箭头的位置或[引线基线优先(L)/内容优先(C)/选项(O)]<选项>:(在图形中点击确定箭头的引出位置)

指定引线基线的位置：(在合适位置点击确定引线基线的位置)

此时 AutoCAD 会弹出如图 7-33 所示的【文字编辑器】,用户通过【文字编辑器】输入对应的多行文字后,单击【文字格式】工具栏上的"确定"按钮,即可完成引线标注。

在上述操作过程中命令行"引线基线优先(L)"和"内容优先(C)"选项分别用于确定将首先确定引线基线的位置还是首先确定标注内容,用户根据需要选择即可。

"选项(O)"用于多重引线标注的设置,执行该选项后,AutoCAD 提示用户:

输入选项[引线类型(L)/引线基线(A)/内容类型(C)/最大节点数(M)/第一个角度(F)/第二个角度(S)/退出选项(X)]<退出选项>:

其中,"引线类型(L)"选项用于确定引线的类型;"引线基线(A)"选项用于确定是否使用基线;"内容类型(C)"选项用于确定多重引线标注的内容(多行文字、块或无);"最大节点数(M)"选项用于确定引线端点的最大数量;"第一个角度(F)"和"第二个角度(S)"选项用于确定前两段引线的方向角度。

3) 多重引线对齐

创建多个多重引线标注后,引线往往长短不齐、杂乱且不美观,此时可以利用多重引线的对齐功能来调整多重引线的文字对齐并按一定间距排列。调用"多重引线对齐"命令的方法有:

(1) 命令行:MLEADERALIGN

(2) 菜单栏:【修改】菜单→"对象"→"多重引线"→"对齐"命令

(3) 【多重引线】工具栏→"多重引线对齐"按钮 ⊠

执行"多重引线对齐"命令后,若想把图 7-32(a)所标注的两个不整齐的多重引线,调整为图 7-32(b)的对齐效果,AutoCAD 命令行提示如下:

命令:mleaderalign↙

选择多重引线:(选择"铝合金材质"多重引线标注)

选择多重引线:↙(回车或右键结束选择)

当前模式:使用当前间距

选择要对齐到的多重引线或[选项(O)]:(选择"厚 20 mm"多重引线标注)

选择要对齐到的多重引线或[选项(O)]:↙(回车或右键结束选择)

指定方向:(鼠标指定竖直对齐即可)

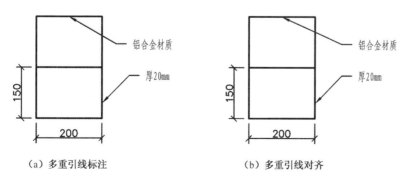

（a）多重引线标注　　　　　　　　　（b）多重引线对齐

图 7-32　多重引线标注

135

图 7-33　多重引线文字编辑器

## 7.4　尺寸标注的编辑

在 AutoCAD 2016 中,可以对已标注的尺寸对象进行修改和编辑,而不必删除所标注的尺寸对象再重新进行标注,如将尺寸文字进行旋转、替换尺寸文字的内容、将文字移动到新位置等。

### 7.4.1　命令编辑

1) 编辑标注

编辑标注命令用于修改已标注尺寸对象的尺寸文字,其命令执行的方式有:

(1) 命令行:DIMEDIT

(2)【标注】工具栏→"编辑标注"按钮 

执行编辑标注命令后,AutoCAD 命令行提示如下:

命令:dimedit✓

输入标注编辑类型[默认(H)/新建(N)/旋转(R)/倾斜(O)]＜默认＞:

默认(H):此选项用于尺寸文字位置被移动或角度被旋转后恢复原来默认位置,如可将图 7-34(c)中旋转后的 200 重新恢复到图 7-34(a)的效果。

新建(N):此选项用于尺寸文字内容的修改。输入"N"选项回车后,用户可在弹出的"文字格式"工具栏中输入新的尺寸文字并确定,根据命令行的提示选中要编辑的尺寸,按【Enter】键即可完成尺寸文字的新建。图 7-34(b)是将图 7-34(a)中的 200 改为 500 后的效果。

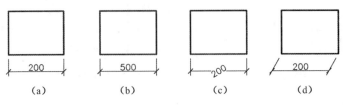

图 7-34　编辑标注

旋转(R)：此选项用于尺寸文字角度的旋转。输入"R"选项回车后，用户可根据命令行的提示输入标注文字的旋转角度，再选中要编辑的尺寸即可。图7-34(c)是将图7-34(a)中的200旋转30°后的效果。

倾斜(O)：此选项用于尺寸界线相对于原位置的倾斜旋转。输入"O"选项回车后，用户可根据命令行的提示选中要编辑的尺寸，输入倾斜角度即可。图7-34(d)是将图7-34(a)中尺寸界线倾斜60°后的效果。

2) 编辑标注文字

编辑标注文字命令用于修改已标注尺寸对象尺寸文字的位置，其命令执行的方式有：

(1) 命令行：DIMTEDIT

(2)【标注】工具栏→"编辑标注"按钮 [A]

执行"编辑标注文字"命令后，AutoCAD命令行提示如下：

命令：dimtedit↙

选择标注：(选择要编辑的标注)

为标注文字指定新位置或[左对齐(L)/右对齐(R)/居中(C)/默认(H)/角度(A)]：

用户可根据需要选择相应选项移动或旋转尺寸文字的位置。

### 7.4.2　夹点编辑

在 AutoCAD 2016 中，用户利用夹点编辑方式可方便地修改尺寸文字的内容、位置、尺寸线的位置以及标注区间等。图7-35(a)所示的标注为100的尺寸，若选择其为要编辑的尺寸标注，则会显示五个蓝色夹点，进入夹点编辑模式(图7-35(b))。若激活文字中间的夹点，可利用鼠标拖动尺寸文字的位置(图7-35(c))；若单击鼠标右键，选择"特性"选项，可在打开的【特性】选项板中修改相关内容，如图7-35(d)中将尺寸文字替代为"500"；若激活起止符号处的夹点，可利用鼠标拖动调整尺寸线的位置(图7-35(e))；若激活标注原点处的夹点，可选择新的标注区间，且标注文字也随区间而实时变化，如图7-35(f)中将第二个标注原

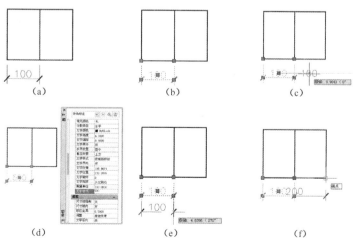

图 7-35　夹点编辑

点移至最右端时，尺寸数字实时变为 200。

## 复习思考题

### 一、填空题

1. 一个完整的尺寸由_____、_____、_____和_____四部分组成。

2. 尺寸起止符号一般用_____绘制，其倾斜方向应与尺寸界线成_____角，长度宜为_____。半径、直径、角度及弧长的尺寸起止符号宜用_____表示。

3. 采用_____标注命令可以标注斜线段。

4.【调整】选项卡中"全局比例因子"数值通常与_____有关。

5. 进行角度标注时，【文字】选项卡中"文字对齐"方式应选择_____。

### 二、上机操作题

绘制图 7-36 中的各种图形，并标注尺寸。

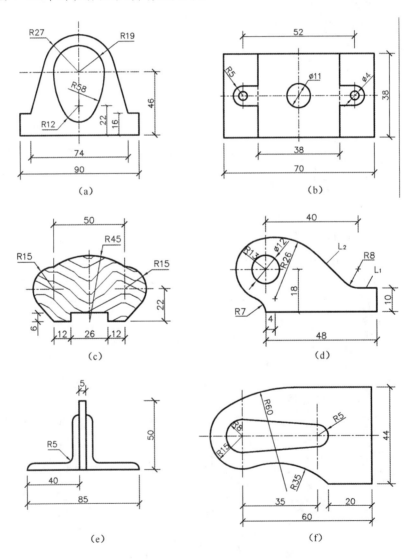

(a)　　　　　　　(b)

(c)　　　　　　　(d)

(e)　　　　　　　(f)

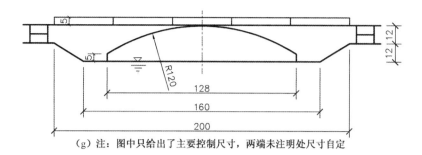

（g）注：图中只给出了主要控制尺寸，两端未注明处尺寸自定

**图 7-36　尺寸标注练习**

# 8 图　　块

在土木工程制图过程中,常常会多次重复绘制相同或相似的图形(如门、窗、轴线编号、标高符号等),若每个图形都重新绘制,无疑会占用大量的绘图时间,而此时使用图块则是提高工作效率非常有效的方法。

图块(简称块)是可由用户定义的子图形,由一个或多个图形对象结合形成的单个对象,每个块即是一个整体(也可根据要求在插入时分解)。根据需要用户可以为图块创建属性,指定块的名称、用途及设计者等信息,在绘图需要时可以按不同的比例和旋转角度将其插入到图中任意指定位置,此时绘图过程变成了简单的拼图,并且在修改图形时只需修改图块本身即可应用于全部插入,从而提高绘图效率。

另外,在 AutoCAD 中要保存每一个图形对象的相关信息(如对象的位置、图层、线型、颜色、线宽等),都要占用存储空间,如果同时有大量的相同图形,就会占据较大的磁盘空间。但如果使用块,只需一次定义图形对象的信息,对于块的每次插入,AutoCAD 仅需存储块的有关信息(如块名、插入点、插入比例等)即可,可节省存储空间,特别是对于复杂且需多次绘制的图形,这一优点更为明显。

本章主要介绍图块创建和插入的方法以及如何创建图块的属性等。

## 8.1　图块的创建与插入

在图块的使用中,可以采用两种方法创建新图块:一种是在当前绘图文件中将图形对象定义图块信息并只能插入本图形使用的内部块;另一种是通过写块操作将图形对象或已创建的内部块保存为可插入任何图形文件的外部块。

### 8.1.1　创建内部块

在要创建为图块的图形对象绘制完成后,可以采用下列方法执行创建内部块的命令:
(1) 命令行:BLOCK(B)
(2) 菜单栏:【绘图】菜单→"块"→"创建"命令
(3)【绘图】工具栏→"创建块"按钮 

执行"BLOCK"命令后,AutoCAD 弹出如图 8-1 所示的【块定义】对话框,通过该对话框即可创建内部块。此命令创建的内部块存储在当前图形文件中,因此不能插入到其他图形文件中使用。

该对话框中主要选项的功能说明如下:

（1）"名称"文本框：用于输入块的名称，或者在下拉列表框中选择已有的图块名称。

（2）基点：用于设置图块在插入时的参考点。用户可以直接输入 X、Y、Z 坐标值，也可点击"拾取"按钮，切换到绘图窗口中在图形中指定。注意：此处定义的插入点是该块将来插入时的基准点，也是块缩放或旋转的基点。

（3）对象：用于确定组成块的图形对象，用户可通过点击"选择对象"按钮，切换到绘图窗口中选择组成块的各对象。同时，选中"保留"单选钮，表示在图块创建后保留生成图块的原对象；选中"转换为块"单选钮，表示在图块创建后保留生成图块的原对象并将其转换为图块；选中"删除"单选钮，表示在图块创建后删除生成图块的原对象。

（4）方式：用于设置块的显示方式，包括创建的图块是否为可注释性的、是否在插入时只能按统一比例缩放、是否允许被分解等。

（5）设置：用于进行"块单位"等相应设置。

（6）说明：用于输入当前图块的文字说明。

（7）"在块编辑器中打开"复选框：若不勾选该复选框，点击"确定"按钮即完成图块的创建；若勾选该复选框，点击"确定"按钮后将打开【块编辑器】，可对图块进行修改。

图 8-1 【块定义】对话框

【例 8-1】 绘制如图 8-2 所示的 $40\times1000$ 的左单开门图例，并将其定义为内部块。

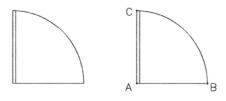

图 8-2 左单开门

操作步骤如下：

（1）单击【绘图】工具栏上的矩形按钮，绘制 $40\times1000$ 的矩形。

命令：rectang↙

141

指定第一个角点或[倒角(C)/标高(E)/圆角(F)/厚度(T)/宽度(W)]:(任意指定一点)

指定另一个角点或[面积(A)/尺寸(D)/旋转(R)]:@40,1000✓

(2) 单击【绘图】工具栏上的直线按钮,绘制长 1000 的直线 AB。

命令:line 指定第一点:捕捉 A 点

指定下一点或[放弃(U)]:1000✓    (采用正交或极轴追踪向右确定 B 点)

(3) 单击【绘图】工具栏上的圆弧按钮,绘制开门的轨迹线。

命令:arc 指定圆弧的起点或[圆心(C)]:c✓    (输入圆心选项)

指定圆弧的圆心:捕捉 A 点

指定圆弧的起点:捕捉 B 点

指定圆弧的端点或[角度(A)/弦长(L)]:捕捉 C 点

(4) 单击【绘图】工具栏上的"创建块"按钮,打开【块定义】对话框。

(5) 在【块定义】对话框"名称"文本框中输入"左单开门"作为图块名称。

(6) 单击"拾取点"按钮,返回绘图窗口选中点 A 作为基点。

(7) 单击"选择对象"按钮,返回绘图窗口选中已绘制的单开门图形,单击鼠标右键再次返回【块定义】对话框,此时可以在名称右侧区域预览到图块的形状,如图 8-3 所示。

(8) 单击"确定"按钮,完成图块定义。

图 8-3　定义"左单开门"图块

### 8.1.2　创建外部块

在 AutoCAD 2016 中,使用 WBLOCK 命令可以将图形对象以文件的形式写入磁盘,保存在指定的位置,方便绘制其他图形时进行调用。

在命令行直接输入创建外部块的命令"WBLOCK"或其缩写"W",可弹出如图 8-4 所示的【写块】对话框。该对话框中主要选项的功能说明如下:

(1) 源:用于确定组成外部块的对象来源。其中:

① "块"选项用于将已创建的内部块转换为外部块。

② "整个图形"选项用于将当前文件中的全部图形创建为外部块。

③ "对象"选项用于将当前文件中的部分图形对象创建为外部块。

（2）"基点"和"对象"选项与"块定义"对话框中相同，只有在选中"对象"按钮后，对话框中"基点"和"对象"两个选项组才有效。

（3）目标：用于确定图块的保存名称和保存位置。

用"WBLOCK"命令创建块后，该块将以". dwg"格式保存 AutoCAD 图形文件。

图 8-4 【写块】对话框

【例 8-2】 将例 8-1 中已定义好的"左单开门"图块转换为外部图块。

操作步骤如下：

（1）在命令行直接输入 WBLOCK，弹出【写块】对话框。

（2）在"源"选项中点选"块"，在下拉列表框中选择"左单开门"。在"目标"选项中设置"文件名和路径"，如图 8-5 所示。点击"确定"完成外部块的转换。

## 8.1.3 插入图块

图块创建后即可插入到图形中使用，其命令执行的方式有：

（1）命令行：INSERT(I)

（2）菜单栏：【插入】菜单→"块"命令

（3）【绘图】工具栏→"插入块"按钮 

执行 INSERT 命令后，AutoCAD 会弹出【插入】对话框，如图 8-6 所示，该对话框中主要选项的功能说明如下：

① 名称：用于选择要插入的内部图块的名称，右侧的"浏览"按钮用于选择要插入的外

图 8-5　定义"左单开门"外部块

部图块或外部图形。

② 插入点:用于确定块在图形中的插入位置。用户可以直接输入 X、Y、Z 坐标值,也可勾选"在屏幕上指定"复选框,直接在屏幕上指定。

③ 比例:用于确定块插入时的缩放比例。用户可以直接输入 X、Y、Z 三个方向的比例数值,也可勾选"统一比例"复选框,只在 X 方向一栏中输入比例值;或者是勾选"在屏幕上指定"复选框,直接在屏幕上指定插入时的缩放比例。

④ 旋转:用于确定块插入时的旋转角度。用户可以直接在"角度"栏中输入角度数值,也可勾选"在屏幕上指定"复选框,直接在屏幕上指定插入时的旋转角度。

⑤ 块单位:用于显示有关块单位的信息。

⑥ "分解"复选框:若不勾选该复选框,图块插入后将是一个整体对象;若勾选该复选框,图块插入后将被分解成单个图形对象。

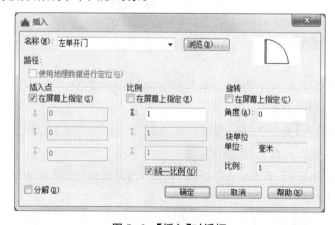

图 8-6　【插入】对话框

【例 8-3】　绘制如图 8-7(a)所示的平面图(墙厚 240 mm),并在预留的门洞处插入前面已创建的"左单开门"图块。

操作步骤如下:

(1) 先根据给定尺寸绘制平面图,并打断出门洞,具体步骤略。

(2) 执行 INSERT 命令,AutoCAD 弹出【插入】对话框。

(3) 在"名称"下拉列表框中选择"左单开门","插入点"勾选"在屏幕上指定","缩放比例"勾选"统一比例",数值设为 1,"旋转角度"设为 0,如图 8-6 所示。

(4) 单击"确定"按钮,回到绘图区,此时十字光标连同"左单开门"图块出现。

(5) 捕捉到门洞①处中点 1 作为插入点,完成图块的插入,如图 8-6(b)所示。

(6) 重复执行"插入块"命令,由于②处门与①处门的方向垂直,且按逆时针旋转,此时只需将"插入"对话框中"旋转角度"修改为 90,捕捉到插入点 2 即可完成②处的图块插入,插入效果见图 8-6(c)所示。

(7) 重复执行"插入块"命令,完成③处的图块插入。由于③处门与②处门的方向相反,且尺寸缩小为 800,此时只需将"插入"对话框中"旋转角度"修改为-90,"缩放比例"勾选"统一比例",数值设为 0.8,捕捉到插入点 3 即可,插入效果见图 8-6(d)所示。

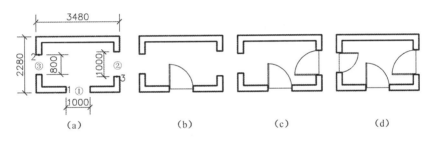

图 8-7　插入"左单开门"图块

## 8.2　图块的编辑

图块定义以后,可以通过"块编辑器"对其进行修改。

(1) 命令行:BEDIT

(2) 菜单栏:【工具】菜单→"块编辑器"命令

(3)【标准】工具栏:→"块编辑器"按钮 🐕

执行 BEDIT 命令,AutoCAD 弹出如图 8-8 所示的【编辑块定义】对话框。从对话框左侧的列表中选择要编辑的块,然后单击"确定"按钮,AutoCAD 进入块编辑模式,如图 8-9 所示。此时显示出要编辑的块,用户可直接对其进行编辑。编辑结束后,单击对应工具栏上的"关闭块编辑器"按钮,AutoCAD 显示图 8-10 所示的提示窗口,如果选择上面"保存更改",则会关闭块编辑器,并确认对图块的修改,同时在当前图形中插入的对应块也会自动进行修改。

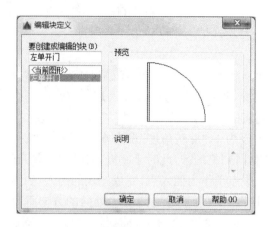

图 8-8　【编辑块定义】对话框

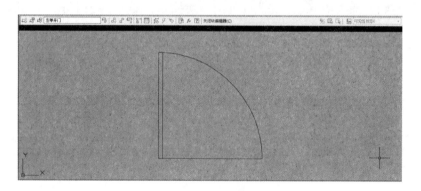

图 8-9　块编辑模式

图 8-10　提示窗口

# 8.3　图块的属性

图块除了包含图形对象外,还可以指定相应的附加信息,如文字说明、数量、参数、编号等,称为图块的属性。当用户插入此类图块时,其属性也一起插入到图中并自动进行注释。

### 8.3.1　定义图块的属性

图块的属性通常在图块创建前定义,或者在图块创建后通过【块编辑器】添加,且用户可以为图块定义多个属性。调用图块"定义属性"命令的方法有:

(1) 命令行:ATTDEF

(2) 菜单栏:【绘图】菜单→"块"→"定义属性"命令

执行"ATTDEF"命令后,AutoCAD 弹出【属性定义】对话框,如图 8-11 所示。

**图 8-11　【属性定义】对话框**

该对话框中主要选项的功能说明如下:

(1) "模式"选项:用于设置属性的模式,可同时使用多个选项。其中"不可见"复选框用于控制插入块后是否显示属性值,勾选则不显示;"固定"复选框用于设置属性值是否为一固定值,不能与"验证"和"预设"同时使用,勾选则插入图块时不再提示用户输入属性值,而直接以默认固定值插入;"验证"复选框用于检验所输入的属性值是否正确,勾选则插入图块时会提示用户输入两次属性值,以便进行验证;"预设"复选框用于设置是否将属性值预设为默认值,勾选则插入图块时以默认属性值插入;"锁定位置"复选框用于固定属性值的位置,不勾选时可以相对于块其他部分移动;"多行"复选框用于指定属性值是否可以包含多行文字,勾选可指定属性的"边界宽度"。

(2) "属性"选项:用于定义属性的一些参数。"标记"文本框用于输入属性的显示标记(用户必须指定标记);"提示"文本框用于输入插入块时的提示信息,提醒用户输入相应属性值;"默认"文本框用于设置属性的默认值(也可不设置默认值)。

(3) "插入点"选项:用于设置属性值的插入位置。用户可以直接输入 X、Y、Z 坐标值,也可勾选"在屏幕上指定"复选框,直接在屏幕上的图形中指定。

(4) "文字设置"选项:用于设置属性值的格式。包括对正方式、文字样式、文字高度、旋转角度等。

（5）"在上一个属性定义下对齐"复选框：勾选该复选框，则说明本次定义的属性将继承上一个属性的文字设置，并对齐标记在上一个属性的下方。这项功能只在之前已为图块定义过属性时可用，否则不可用。

（6）对话框中的各项内容设置完成后，单击"确定"按钮，完成一次图块的属性定义，并在相应的图形中按设置方式显示出属性标记。

**【例 8-4】** 给图 8-12 所示的建施图定位轴线，并插入轴线编号。由于在插入时编号数值不同，在创建图块时可将圆内编号赋予属性，在插入时输入相应数值即可。

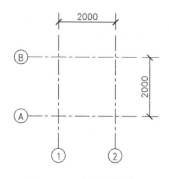

图 8-12 定位轴线编号 　　　　　图 8-13 属性标记

操作步骤如下：

（1）绘制直径为 8 mm 的细实线圆。

（2）新建"编号"文字样式，设置字体为"gbenor. shx"和"gbcbig. shx"，宽度比例为 1.0 的大字体。

（3）执行 ATTDEF 命令后，AutoCAD 弹出如图 8-14 所示的【属性定义】对话框。

在"标记"文本框中输入"编号"，在"提示"文本框中输入"输入轴线编号数值"，在"默认"文本框中输入"1"（也可不输入）。

在"对正"下拉列表框中选择"正中"，在"文字样式"下拉列表框中选择前面设置的"编号"，在"文字高度"文本框中输入"5"。

"模式"勾选"锁定位置"以保证属性值一直位于正中位置，"插入点"勾选"在屏幕上指定"。

（4）点击"确定"按钮，在图形中捕捉圆心作为"插入点"，完成轴线编号的属性定义，此时将显示如图 8-13 所示的属性标记"编号"。

图 8-14 定义"轴线编号"的属性 　　　图 8-15 创建"轴线编号"块

(5) 单击【绘图】工具栏上的"创建块"按钮,打开【块定义】对话框(图 8-15)。

在【块定义】对话框中"名称"文本框中输入"轴线编号"作为图块名称。

单击"拾取点"按钮,返回绘图窗口选中圆心作为基点。

单击"选择对象"按钮,返回绘图窗口选中圆和属性两部分对象,单击"确定"按钮,完成图块定义。

(6) 执行 INSERT 命令,AutoCAD 弹出如图 8-16 所示的【插入】对话框。

在"名称"下拉列表框中选择"轴线编号","插入点"勾选"在屏幕上指定","缩放比例"勾选"统一比例",数值设为 100(此值应与出图比例一致),"旋转角度"设为 0,如图 8-16 所示。

单击"确定"按钮,命令行提示如下:

命令:insert↙

指定插入点或[基点(B)/比例(S)/旋转(R)]:(捕捉第一条轴线下端点)

此时可弹出【编辑属性】对话框,如图 8-17 所示,输入轴线编号数值 1,点击"确定"即可。

重复以上操作,插入多个轴线编号,如图 8-18 所示。

(7) 修剪多余线条,完成作图(图 8-19)。

图 8-16 插入"轴线编号"块

图 8-17 输入轴线编号数值

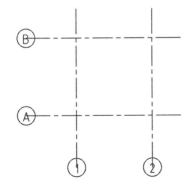

图 8-18 插入图块后效果

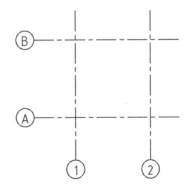

图 8-19 修剪后效果

### 8.3.2 编辑图块的属性

1) 编辑属性值

命令:ATTEDIT(ATE)

在命令行输入 ATTEDIT 命令,在"选择块参照"的提示下选择要修改属性的块,系统将弹出如图 8-20 所示的【编辑属性】对话框,可通过此对话框修改图块的属性值等。

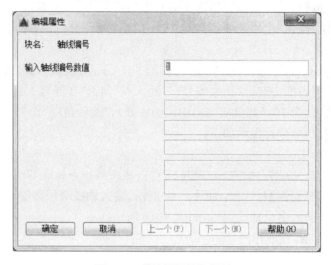

图 8-20　【编辑属性】对话框

2) 增强属性编辑器

(1) 命令行:EATTEDIT

(2) 菜单栏:【修改】菜单→"对象"→"属性"→"单个"命令

(3)【修改Ⅱ】工具栏→"编辑属性"按钮

执行上述命令后,根据提示选择要修改的块,或者在绘图窗口双击有属性的块,可以打开【增强属性编辑器】对话框,如图 8-21 所示(注意:在块插入图形后,采用"DDEDIT"命令也可以打开【增强属性编辑器】对话框)。

该对话框中有【属性】【文字选项】和【特性】三个选项卡(图 8-21～图 8-23),用户可以根据需要对选中的属性进行修改。

图 8-21　【增强属性编辑器】对话框

3) 块属性管理器

(1) 命令行:BATTMAN

图 8-22　【文字选项】选项卡

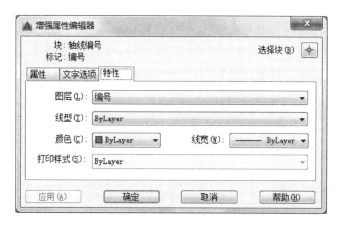

图 8-23　【特性】选项卡

（2）菜单栏：【修改】菜单→"对象"→"属性"→"块属性管理器"命令

（3）【修改Ⅱ】工具栏→"块属性管理器"按钮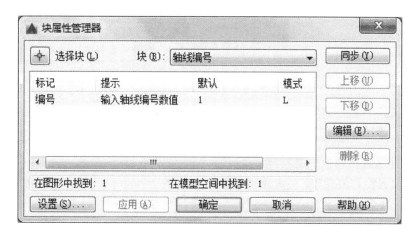

执行上述命令后，可以打开【块属性管理器】对话框，如图 8-24 所示。

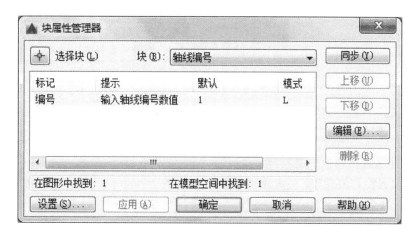

图 8-24　【块属性管理器】对话框

点击【块属性管理器】对话框右侧的"编辑"按钮,可以打开【编辑属性】对话框,利用此对话框对图块【属性】【文字选项】和【特性】进行修改和管理,如图 8-25 所示。

图 8-25 【编辑属性】对话框

点击【块属性管理器】对话框左下侧的"设置"按钮,可以打开【块属性设置】对话框,利用此对话框可以设置在【块属性管理器】对话框中显示的内容,如图 8-26 所示。

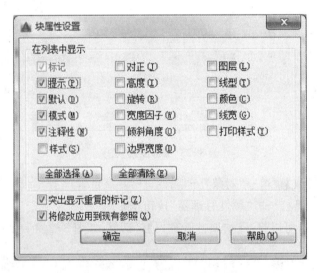

图 8-26 【块属性设置】对话框

## 复习思考题

### 一、填空题

1. 创建内部块的命令是_____,创建外部块的命令是_____,插入块的命令是_____,创建块属性的命令是_____。

2. 图块插入时,"旋转"选项用于确定块插入时的_____,"比例"选项用于确定块插入时的_____。

3. 图块的属性通常在_____定义。

4. 在【增强属性编辑器】对话框中有_____、_____和_____

_____三个选项卡用来编辑图块属性。

**二、上机操作题**

1. 绘制如图 8-27(a)所示的单位窗(1 mm×1 mm),并创建为内部块,再将其插入例 8-3 的平面图中,插入效果如图 8-27(b)所示。

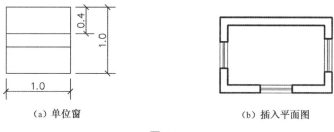

(a) 单位窗 　　　　　　　　(b) 插入平面图

图 8-27

2. 绘制图 8-28 所示的指北针,并定义为外部块。其中指北针直径 24 mm,指针尾部宽 3 mm,字高 5 mm。

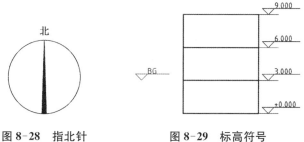

图 8-28　指北针　　　　　图 8-29　标高符号

3. 绘制标高符号(高 3 mm 的等腰直角三角形),将其创建为带属性的图块,并插入图中。其中属性标记为"BG",对正方式"左对正",字高 3.5 mm,定义属性后效果及插入效果如图 8-29 所示。

4. 打开第 6 章上机操作第 1 题绘制的标题栏,将图名、校名、姓名、日期、比例、图号等栏目定义属性,创建"标题栏"图块,并插入 A4 竖图框图纸(210 mm×297 mm 图幅),如图 8-30。

5. 利用定数等分(块),在左弧线上插入等间距的三角形图块形成图(b),如图 8-31所示。

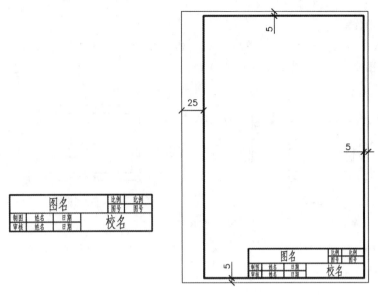

图 8-30　标题栏

（a）　　　　　　　　　　　　（b）

图 8-31　定数等分（块）

# 9 绘制结构施工图

前面 8 个章节主要介绍了 AutoCAD 2016 绘图的基本操作与命令,但如何把这些命令系统、有效地运用到土木工程制图中,快速、准确地绘制出完整的施工图,才是我们的最终目的。从本章开始将以土木工程图样为例介绍各种施工图的绘制方法和步骤,包括建筑施工图、结构施工图和道路工程图等的绘制。其中建筑施工图会结合目前工程界常用的天正建筑设计软件在第二篇《天正建筑实例》中详细介绍,这里不再赘述。

## 9.1 结构施工图概述

结构施工图是在建筑设计的基础上,对建筑物的结构构件进行力学分析、计算,从而确定结构构件的形式、材料、大小、内部构造等,并将其绘制成施工图,包括结构平面图和结构构件详图。结构施工图种类繁多,本章仅以钢筋混凝土单跨简支梁为例介绍结构施工图的绘制方法。

## 9.2 建立样板文件

为了提高绘图效率,用户可根据本专业的要求建立样板文件。也就是将自己经常使用的绘图环境(如绘图单位、图层、线宽、线型、颜色、文字样式、标注样式等)事先设置好并分类保存下来,在以后需要时直接调用或做少许修改即可,而不必每次绘图时都从头开始对这些参数进行设置。

样板文件就是包含一定绘图环境和专业参数设置,但并未绘制图形对象的空白文件,其后缀名为"＊.dwt"。用户在样板文件的基础上开始绘图,能够避免许多参数的重复设置,大大节省绘图时间,不但提高绘图效率,还可以使绘制的图形更符合规范、更标准,保证了绘图质量。

### 9.2.1 创建新样板文件的方法

1) 自定义样板文件

AutoCAD 2016 提供了多个样板文件,这些样板文件可在新建图形文件时调用。执行"NEW"或单击"新建"按钮,即可打开如图 9-1 所示的【选择样板】对话框,选择所需的样板文件,再单击"确定"即可。由于这些样板文件大多不适合我国的制图标准要求,通常需要用户在 AutoCAD 默认的空白样板文件"acadiso.dwt"基础上根据自身喜好和专业要求自定义创建新的样板文件。

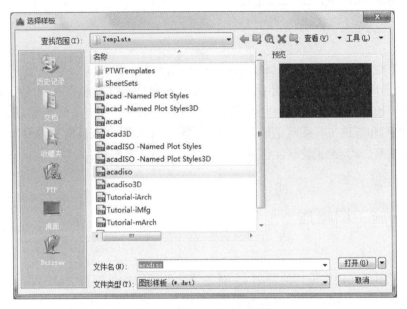

图 9-1 【选择样板】对话框

2) 调用已有图形修改为样板文件

如果用户已有的图形资料是符合土木工程制图标准要求的,此时可直接打开该图形文件,将文件中的多余图形删除,然后另存为".dwt"格式的样板文件即可。

### 9.2.2 创建梁结构图样板文件

下面以图 9-2 所示的钢筋混凝土单跨简支梁为例建立结构构件图样板文件,要求 A3 图纸,其中梁立面图比例 1：20,断面图比例 1：10,保护层厚度取 25 mm。

1) 设置绘图环境

打开 AutoCAD 默认样板文件"acadiso.dwt",通过前面已学过的操作对绘图界限、单位、草图等进行设置,这里不再赘述。

2) 设置图层、颜色、线型和线宽

由分析可知,例图中的图线只有粗实线、中粗实线和细实线三种,若选取粗线宽度 b 为 0.7 mm,则中粗线宽度 0.35 mm,细线宽度 0.18 mm,可新建各类图层如下(图 9-3)：

(1) 轮廓线层,白色,中实线,线宽 0.35 mm。

(2) 主筋层,黄色,粗实线,线宽 0.7 mm。

(3) 箍筋层,绿色,中粗实线,线宽 0.5 mm。

(4) 断面符号层,黄色,粗实线,线宽 0.7 mm。

(5) 钢筋编号层,蓝色,细实线,线宽 0.18 mm。

(6) 钢筋表,红色,细实线,线宽 0.18 mm。

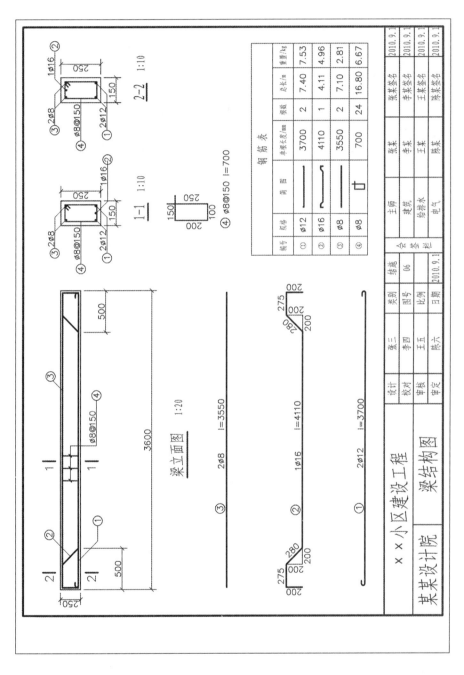

图 9-2　钢筋混凝土单跨简支梁结构图

（7）尺寸层，青色，细实线，线宽默认。

（8）文字层，橙色，细实线，线宽默认。

（9）图框层，洋红色，细实线，线宽默认（含图框和标题栏等，可提前根据线宽细分为不同层绘制并定义成图块备用）。

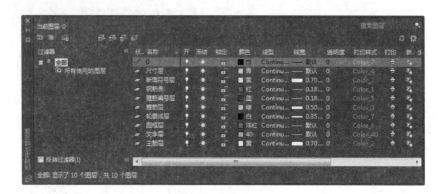

**图 9-3　图层设置**

3）设置文字样式、标注样式及表格样式

（1）定义文字样式

参照第 6 章方法，定义文字样式"结构—1"，设置字体为仿宋，宽度因子 0.7；定义文字样式"结构—2"，设置字体为 Times New Roman，宽度因子 1.0。也可定义大字体文字样式，设置字体为 gbenor. shx 和 gbcbig. shx，宽度因子 1.0。

（2）定义标注样式

参照第 7 章方法，定义标注样式"立面图标注"，只需将调整选项卡中的"全局比例"设置为 20；再以"立面图标注"为基础样式定义标注样式"断面图标注"，此时需将"全局比例"设置为 10，且"主单位"选项卡中"测量单位比例因子"设为 0.5。

（3）定义表格样式

参照第 6 章方法，定义表格样式"钢筋表"，表格方向"向下"。

① "标题"样式："常规"选项卡中设置对齐"正中"，格式"常规"；"文字"选项卡中设置文字样式"结构—1"，文字高度"5"；"边框"选项卡中设置"底部边框" ⊞ 。

② "表头"样式："常规"选项卡中设置对齐"正中"，格式"常规"；"文字"选项卡中设置文字样式"结构—1"，文字高度"3.5"；"边框"选项卡中设置"所有边框" ⊞ 。

③ "数据"样式："常规"选项卡中设置对齐"正中"，格式"十进制数"→"小数"，精度"0.00"；"文字"选项卡中设置文字样式"结构—2"，文字高度"3.5"；"边框"选项卡中设置"所有边框" ⊞ 。

其余采用默认，若插入时不合适再作修改。

4）绘制图框

（1）绘制 A3 图框和标题栏

① 将图框层设为当前层，绘制 420 mm×297 mm 的矩形作为 A3 图纸外框，如图 9-4。

② 执行"分解"命令，将外框矩形分解。采用"偏移"命令，将左边线向右偏移 25mm，将

其余三条边线向内偏移5mm;用"修剪"命令剪去多余线条,如图9-5所示,作为图纸内框。

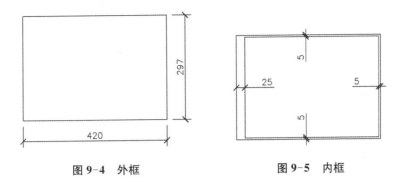

图 9-4 外框      图 9-5 内框

③ 在图纸内框下方绘制标题栏,并注写相应文字,其中工程总称、设计单位名称和图名采用10号字,其余用5号字。

④ 将图纸内框线宽修改为1.0 mm,标题栏外框线宽修改为0.7 mm,标题栏内分格线宽修改为0.35 mm。

⑤ 参照第8章方法,创建图块"A3图框",选择左下角点为基点,并将标题栏中相关的栏目(如工程总称、设计单位名称、图名、设计人员姓名、比例等)定义属性,如图9-6所示。

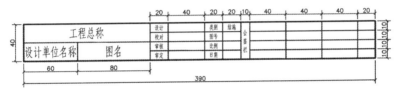

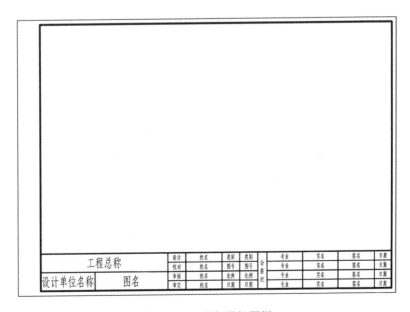

图 9-6 A3 图框及标题栏

5）设置图框

在 AutoCAD 2016 绘图窗口的左下方是【模型】/【布局】选项卡 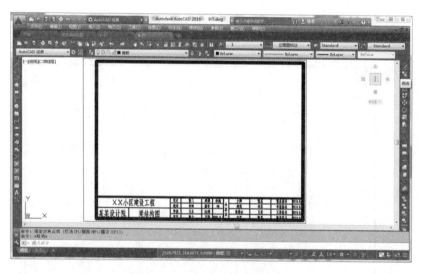。打开 AutoCAD 文件后，系统默认打开【模型】选项卡，即显示"模型"空间；用户可根据需要点击任一选项卡进入"布局 1"空间、"布局 2"空间或返回"模型"空间。

（1）认识模型空间和布局空间

模型空间是 AutoCAD 图形处理的主要环境，通常采用 1∶1 的比例绘制和编辑二维或三维图形对象，可以看做是对真实对象的模拟。模型空间可以想象为无限大，因为绘图界限可以由用户自己设定，即 1 个屏幕单位可以代表 1 m，也可以代表 1000 m。

布局空间也称为"图纸空间"，是 AutoCAD 图形处理的辅助环境。该空间主要是针对在模型空间里绘制的对象打印输出而开发的一套类似图纸的输出体系，也可以绘制和编辑二维图形等，但一般不用其进行绘图或设计工作。

在一个图形文件中，只有默认的一个模型空间，而布局空间可以有多个（除了默认的两个，还可以新建多个），主要是为了方便用户视图，可以用多张图纸反映同一个文件中的不同图形或同一个图形的不同部位。

注：由于每次使用样板文件时出图比例往往会不一样，故样板文件中的图框一般设置在布局空间。

（2）在模型中设置图框

在模型中插入图框时需按出图比例放大相应的倍数。如图 9-2 的出图比例是 1∶20，在模型中插入图框则需放大 20 倍。执行"Insert"插入图块命令，选择图块名为"A3 图框"，比例设置为 20，点击"确定"后插入模型窗口，并根据提示输入设计单位名称、图名、比例等相应的属性值，如图 9-7 所示。

**图 9-7　在模型中设置图框**

（3）在布局中设置图框

在布局中设置图框是土建制图中常用的方式，此时图框按 1∶1 插入，而且可以多比例视图，但前提是要进行页面及布局的设置和修改。下面首先介绍布局和视口的基本知识。

① 新建布局

如果想增加新的布局可以采用以下方法：

a. 在【布局】选项卡上点击鼠标右键，在出现的右键快捷菜单上选择"新建布局"选项即可，如图9-8所示（注意：若要删除某布局，可以选择该快捷菜单上的"删除"选项）。

b. 选择菜单栏的【工具】菜单→"向导"→"创建布局"命令。可根据"创建布局向导"设置新布局的名称、参数等。

② 视口

视口是AutoCAD中显示图形的区域，在模型空间和布局空间都可以创建多个视口供用户使用。其中模型空间中的视口铺满整个绘图窗口，视口之间必须相邻并且不可以调整其边界，称为"平铺视口"；布局空间中的视口可以移动，视口之间不仅可以重叠，还可以调整其边界，称为"浮动视口"。

**图9-8　布局右键快捷菜单**

下面主要介绍"浮动视口"的使用操作，以下简称"视口"。当用户首次由模型空间切换到布局空间时，系统会自动生成一个矩形视口，如图9-9所示，该视口默认显示出模型空间里所有图形对象。用户可以根据实际情况选择保留该视口，或删掉该视口后自己新建一个或多个视口。

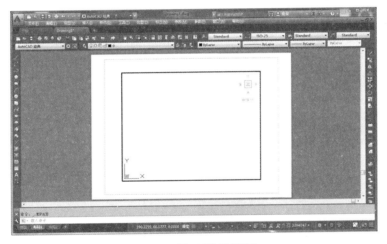

**图9-9　视口（激活状态）**

③ 激活视口

视口在激活状态下，可以对视口里的对象进行编辑，而且所做的修改不但在当前布局中有效，在切换到模型空间后仍被保留。激活视口的方法是在视口内部双击鼠标左键，此时视口呈粗实线状态，视口内图形可以变化，但视口和视口外布局不发生变化。图9-9的视口即为激活状态。

④ 关闭视口激活状态

用户可以在视口未激活状态下对视口及整个布局进行调整和编辑。关闭视口激活状态的方法是在视口外部双击鼠标左键，此时视口呈细实线状态，视口内图形被锁住，但视口和视口外布局可以变化。

在布局中设置图框的具体操作步骤如下：

① 切换到"布局"空间，如"布局 1"空间或其他新建布局空间。

② 在【布局 1】选项卡上点击鼠标右键，打开【页面设置管理器】对话框，如图 9-10 所示。点击"修改"按钮，打开图 9-11 所示的【页面设置—布局 1】对话框，将"图纸尺寸"修改为"ISO A3(420 mm×297 mm)"，点击"确定"后完成页面设置。

图 9-10 【页面设置管理器】对话框

图 9-11 【页面设置—布局 1】对话框

③ 在视口未激活状态，选中原有矩形视口并删除。

④ 执行插入图块命令，选择图块名为"A3 图框"，比例设置为 1，插入当前布局的原点位置，并根据提示输入设计单位名称、图名、比例等相应的属性值，如图 9-12 所示。

⑤ 新建矩形视口，如图 9-13 所示。方法有：在命令行输入"视口"命令"VPORTS"；或者在【视图】菜单下的"视口"级联菜单中选择"矩形视口"选项；或者单击【视图】工具栏上的"矩形视口"按钮 ▣。

图 9-12 在布局中设置图框

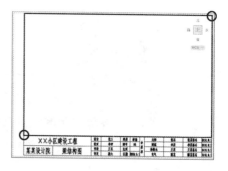

图 9-13 新建矩形视口

命令行操作如下：

命令：vports↙

指定视口的角点或[开(ON)/关(OFF)/布满(F)/着色打印(S)/锁定(L)/对象(O)/多边形(P)/恢复(R)/图层(LA)/2/3/4]＜布满＞：(捕捉图 9-13 所示图框绘图区域左下角点)

指定对角点：(捕捉图 9-13 所示图框绘图区域右上角点)

正在重生成模型

6）保存样板文件

执行保存或另存为命令，打开图形【另存为】对话框，在"文件名"栏中输入"A3 梁结构图样板"，文件类型中下拉选择"AutoCAD 样板文件（∗.dwt）"，然后指定保存位置，点击"保存"按钮即可。

其他工程图样板文件的设置方法同上，只需根据需要设置不同的参数即可。

# 9.3　绘制钢筋混凝土梁结构图

图形分析：图 9-2 中的梁结构图包括梁立面图、断面图、钢筋详图和钢筋表四部分，且出图比例不同。用 AutoCAD 绘图时，若只有一个比例，通常是按图形实际尺寸直接绘制，在打印时再按此比例缩放出图。而在本例中有两种不同的绘图比例，这种情况下可以把 1：20 看作最后的出图比例，在绘图时梁立面图按 1：1 绘制，而断面图放大 2 倍绘制即可；也可先按图形实际尺寸绘制，在打印时采用多比例出图（此方法详见第 11 章内容）。

## 9.3.1　绘制梁立面图（按实际尺寸绘制）

（1）调用上面设置好的"A3 梁结构图样板"文件，在模型空间绘制图样，绘制步骤见图9-14 所示。

（2）将"轮廓线层"置为当前，绘制矩形外轮廓。

（3）将"主筋层"置为当前，立面图中的钢筋按照实际投影长度用单线表示，主筋用粗实线，箍筋用中粗线。

A. 先用直线画①号受拉筋中间 3550 mm，再用圆弧命令绘制半径为 21 mm 的两端半圆弯钩，最后用直线绘制端部弯钩平直线段 36 mm。其中弯钩尺寸按①号钢筋直径（d＝12 mm）估算，取半圆直径 D＝3.5d＝42 mm，弯钩平直段 l＝3d＝36 mm。

B. 直接用直线命令绘制③号架立筋和②号弯起筋。

（4）将"箍筋层"置为当前，用直线命令在梁中部示意绘出三根④号箍筋示意，使其间距为 150 mm。

（5）将"断面符号层"置为当前，并在 1-1 和 2-2 剖切位置处绘制 6～10 mm 长的粗实线作为剖切位置线。

## 9.3.2　绘制梁断面图（放大 2 倍绘制）

（1）将"轮廓线层"置为当前，在立面图右侧合适的位置绘制 300 mm×500 mm 的矩形外轮廓。

（2）矩形外轮廓向内偏移 50 mm 生成小矩形，将小矩形选中并移到"箍筋层"。

（3）用直线命令画箍筋 45°弯钩。利用对象捕捉中"最近点"捕捉方式，在箍筋靠右上角适当位置捕捉起点，利用极轴追踪 45°绘制 50～60 mm 长的直线。

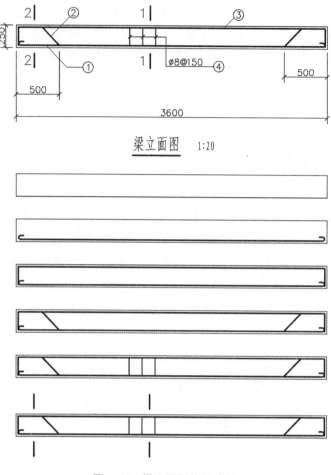

图 9-14　梁立面图绘图过程

（4）将"主筋层"置为当前，断面图中的钢筋用小黑点表示，通常用圆环命令来绘制，其绘制方法为：

① 在命令行输入"DONUT"或者在【绘图】菜单下选择"圆环"命令，都可以执行圆环命令，命令行操作如下：

命令：donut

指定圆环的内径<0.7000>：0

指定圆环的外径<1.0000>：1.4

指定圆环的中心点或<退出>：（任意指定圆环位置）

② 多次复制圆环，放置到箍筋内合适的位置，完成 1-1 断面图绘制。

（5）复制 1-1 断面图，放置在右边合适的位置，将下部②号弯起钢筋移至上部，完成2-2断面图绘制。绘图步骤见图 9-15。

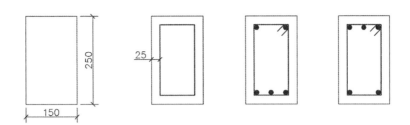

图 9-15 梁断面图绘图过程

### 9.3.3 绘制钢筋详图

(1) 将"主筋层"置为当前层,直接从梁立面图中复制①、②、③号主筋放在合适的位置。

(2) 将"箍筋层"置为当前,直接用直线命令绘制④号箍筋详图(注意箍筋与其他三种主筋比例不同,尺寸需放大 2 倍)。

### 9.3.4 绘制钢筋表

(1) 将"钢筋表层"置为当前,执行绘制"表格"命令,选择表格样式为"钢筋表",在合适位置插入列数为 7、数据行数为 4 的表格,并将其放大 20 倍。

(2) 在表格中输入相应的文字和数据。

(3) 将钢筋详图缩小后,放置在"简图"列下相应的表格中(注意:这里的简图只是钢筋的示意图,缩小倍数可自定)。

### 9.3.5 尺寸标注

(1) 立面图标注。将"立面图标注"尺寸样式置为当前,用"线性"标注命令标注梁的长度、高度、钢筋弯起距离等。

(2) 同理,将"断面图标注"尺寸样式置为当前,标注梁截面的宽度和高度。

### 9.3.6 注写钢筋编号

为了便于识别,构件中的各种钢筋应予以编号,编号用阿拉伯数字表示,写在直径钢筋的编号 6 mm 的细实线圆中。

(1) 用直线命令绘制各引出线(如图 9-16(a))。

(2) 制作钢筋编号图块。绘制直径 6 mm 的细实线圆,先将"编号数字"定义为图块属性,字体样式"结构—2",字高 3.5 mm,对正方式"正中";再创建"钢筋编号"图块,基点选取"圆心"。

(3) 插入钢筋编号图块,比例设为"20",并根据提示输入不同编号,全部插入完成后修剪多余线条(如图 9-16(b))。

165

（4）在引出线上采用"文字"命令注写钢筋直径、间距等数据，字高 3.5 mm（如图 9-16 (c)）。

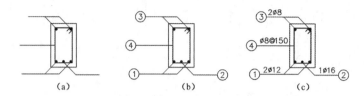

图 9-16　钢筋编号注写过程

（5）将钢筋编号等复制到梁立面图和钢筋详图相应位置，完成全部注写。

### 9.3.7　注写图名、比例、标题栏等

采用"多行文字"命令在图形下方注写相应的图名和比例，并在图名下绘制一等长的粗实线，其中图名字高取 7 mm，比例字高取 5 mm。标题栏中文字在制作样板时已注写，若不符合，可根据第 8 章所学内容进行修改。

## 9.4　制图标准的有关规定

以下部分内容主要参考国家《房屋建筑制图统一标准》（GB/T 50001—2017）中的相关规定，包括图幅、字体、图线、比例等。

### 9.4.1　图纸

1）图纸幅面

图纸幅面是指图纸宽度与长度组成的图面，图框是图纸上绘图范围的边线。图纸的幅面和图框尺寸应符合表 2-1 的规定，其中 $c$、$a$ 为图框与图纸边的距离。

表 9-1　幅面及图框尺寸（mm）

| 尺寸代号 | 幅面代号 | | | | |
|---|---|---|---|---|---|
| | A0 | A1 | A2 | A3 | A4 |
| $b \times l$ | 841×1189 | 594×841 | 420×594 | 297×420 | 210×297 |
| $c$ | 10 | | | 5 | |
| $a$ | 25 | | | | |

图纸的样式可分为横式（如图 9-18）和立式（如图 9-19），图纸以短边作为垂直边称为横式，以短边作为水平边称为立式。一般 A0～A3 图纸宜横式使用，必要时也可立式使用；A4 图纸宜立式使用。

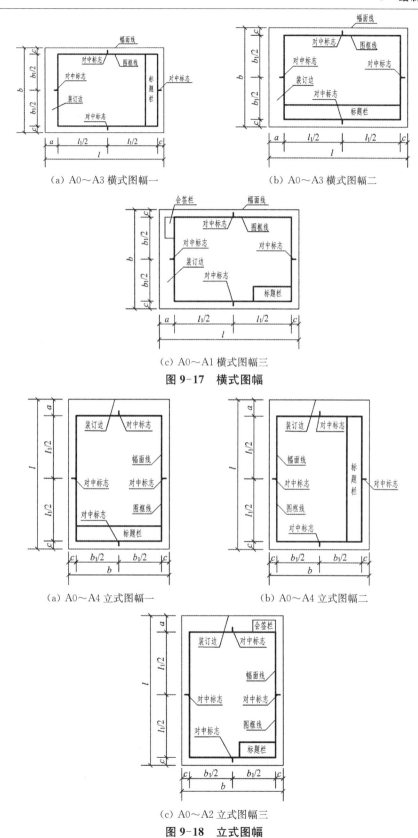

（a）A0～A3 横式图幅一　　　　　　　　（b）A0～A3 横式图幅二

（c）A0～A1 横式图幅三

**图 9-17　横式图幅**

（a）A0～A4 立式图幅一　　　　　　　　（b）A0～A4 立式图幅二

（c）A0～A2 立式图幅三

**图 9-18　立式图幅**

2）标题栏

标题栏是图样中填写工程或产品名称,设计单位名称,设计、绘图、校核、审定人员的签名、日期,以及图样名称、图样编号、材料、重量、比例等内容的表格。每幅图纸上都必须带有标题栏,应根据工程需要选择确定标题栏、会签栏的尺寸、格式及分区。当采用图 9-17(a)、(b)和图 9-18(a)、(b)的图纸时,标题栏应按图 9-19 和图 9-20 所示布局;当采用图9-17(c)和图 9-18(c)的图纸时,标题栏、签字栏应按图 9-21、图 9-22 和图 9-23 所示布局。签字栏应包括实名列和签字列,具体应符合国家制图标准的规定。

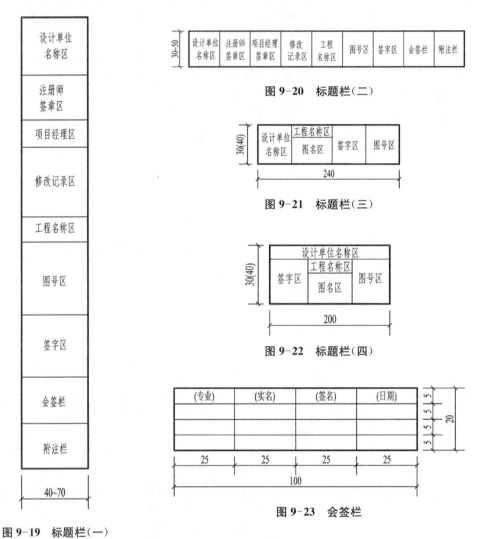

图 9-19　标题栏(一)

图 9-20　标题栏(二)

图 9-21　标题栏(三)

图 9-22　标题栏(四)

图 9-23　会签栏

## 9.4.2　图线

图线的基本线宽 $b$,宜按照图纸比例及图纸性质从 1.4mm、1.0mm、0.7mm、0.5mm 线宽系列中选取。每个图样,应先根据复杂程度与比例的大小先选定基本线宽 $b$,再选用表 9-2 中相应的线宽组。

表 9-2 线宽组（mm）

| 线宽比 | 线 宽 组 | | | |
|---|---|---|---|---|
| b | 1.4 | 1.0 | 0.7 | 0.5 |
| 0.7b | 1.0 | 0.7 | 0.5 | 0.35 |
| 0.5b | 0.7 | 0.5 | 0.35 | 0.25 |
| 0.25b | 0.35 | 0.25 | 0.18 | 0.13 |

注：1. 需要缩微的图纸，不宜采用 0.18 mm 及更细的线宽。
　　2. 同一张图纸内，各不同线宽中的细线，可统一采用较细的线宽组的细线。

制图标准规定，工程建设制图应选用表 9-3 中所示的图线。

表 9-3　图线

| 线名及代码 | | 线 型 | 线宽 | 一般用途 |
|---|---|---|---|---|
| 实线 | 粗 | ——————————— | b | 主要可见轮廓线 |
| | 中粗 | ——————————— | 0.7b | 可见轮廓线 |
| | 中 | ——————————— | 0.5b | 可见轮廓线、尺寸线、变更云线 |
| | 细 | ——————————— | 0.25b | 图例填充线、家具线 |
| 虚线 | 粗 | - - - - - - - - - | b | 见各有关专业制图标准 |
| | 中粗 | - - - - - - - - - | 0.7b | 不可见轮廓线 |
| | 中 | - - - - - - - - - | 0.5b | 不可见轮廓线、图例线 |
| | 细 | - - - - - - - - - | 0.25b | 图例填充线、家具线 |
| 单点长画线 | 粗 | —·—·—·—·— | b | 见各有关专业制图标准 |
| | 中 | —·—·—·—·— | 0.5b | 见各有关专业制图标准 |
| | 细 | —·—·—·—·— | 0.25b | 中心线、对称线、轴线等 |
| 双点长画线 | 粗 | —··—··—·· | b | 见各有关专业制图标准 |
| | 中 | —··—··—·· | 0.5b | 见各有关专业制图标准 |
| | 细 | —··—··—·· | 0.25b | 假想轮廓线、成型前原始轮廓线 |
| 折断线 | 细 | —————⌇————— | 0.25b | 断开界线 |
| 波浪线 | 细 | ～～～～～ | 0.25b | 断开界线 |

图纸的图框和标题栏线，可采用表 9-4 中所列的线宽。

表 9-4　图框和标题栏线线宽（mm）

| 幅面代号 | 图框线 | 标题栏外框线 | 标题栏分格线、会签栏线 |
|---|---|---|---|
| A0、A1 | b | 0.5b | 0.25b |
| A2、A3、A4 | b | 0.7b | 0.35b |

绘制图样时，图线要求做到：全局清晰整齐，均匀一致，粗细分明，交接正确。基本规定有：

（1）同一张图纸内，相同比例的各图样，应选用相同的线宽组。

（2）相互平行的图例线，其净间隙或线中间隙不宜小于 0.2 mm。

（3）虚线、点画线的线段长度和间隔宜各自相等。虚线、点画线与其他图线交接时的画法见图 9-24 所示。

（4）图线不得与文字、数字或符号重叠、混淆，不可避免时，应首先保证文字等的清晰。

常用的各种图线画法如图 9-25 的建筑平面图所示。被剖切到的墙体轮廓用粗实线绘制;未剖切到的台阶、窗台用中粗实线绘制;看不见的轮廓线用中粗虚线表示;定位轴线用细点画线绘制;断面材料图例用 45°细实线绘制;折断线用作图形的省略画法,采用细实线绘制;尺寸标注时,尺寸线和尺寸界线采用中实线(非专业图样用细实线),45°的起止符号采用中粗实线绘制。

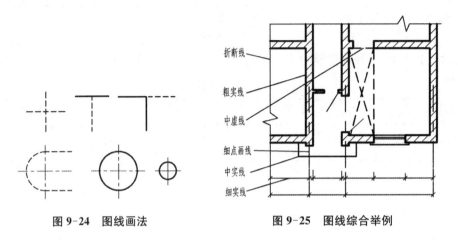

图 9-24　图线画法　　　　　　图 9-25　图线综合举例

### 9.4.3　文字

参照第 6 章。土建施工图中的文字注写,一定要符合制图标准的规定。建议图样中的图名采用 7 号字,比例采用 5 号或 3.5 号字注写在图名右侧;设计说明用 5 号字,尺寸文字用 3.5 号或 2.5 号字;剖切标注用 7 号或 5 号字。标题栏中的设计单位名称用 10 号字,图名用 10 号字或 7 号字,其余用 5 号字。同一张图纸内的字号选用要一致。

### 9.4.4　尺寸标注

参照第 7 章。

### 9.4.5　比例

图样的比例是指图形中与实物相对应的线性尺寸之比。绘图所用的比例,应根据图样的用途与被绘对象的复杂程度,从表 9-5 中选用,并优先选用表中的常用比例。

表 9-5　绘图所用比例

| 常用比例 | 1∶1,1∶2,1∶5,1∶10,1∶20,1∶50,1∶100,1∶150,1∶200,<br>1∶500,1∶1000,1∶2000,1∶5000 |
|---|---|
| 可用比例 | 1∶3,1∶4,1∶6,1∶15,1∶25,1∶30,1∶40,1∶60,1∶80,1∶250,<br>1∶300,1∶400,1∶600 |

如果一张图纸上各个图样的比例相同,则比例可集中标注。否则,比例宜注写在图名的右侧,字的基准线应取平;字高宜比图名的字高小一号或小二号(如图 9-26 所示)。

平面图 1:100　⑥ 1:20

**图 9-26　比例的注写**

## 复习思考题

### 一、填空题

1. AutoCAD 样板文件的后缀名为_____。

2. A2 图纸的大小是_____,图框线宽为_____mm,标题栏外框线宽为_____mm,标题栏内分格线宽为_____mm。

3. 在模型中插入图框时比例为_____,在布局中插入图框时比例为_____。

4. 激活视口的方法是_____,此时视口呈_____状态;关闭视口激活状态的方法是_____,此时视口呈_____状态。

5. 钢筋断面的小黑点通常用_____命令来绘制,钢筋编号一般注写在直径_____的_____圆内,字体高度取_____。

### 二、上机操作题

1. 按照制图标准和专业图要求,建立一个建筑平面图或道路纵断面图的样板文件。

2. 打开上题中建立的样板文件,新绘制一个建筑平面图或道路纵断面图 DWG 文件并保存。

# 10 绘制道路工程图

## 10.1 道路工程图概述

道路工程是一种带状构筑物,它具有高差大、曲线多且占地狭长的特点,因此道路工程施工图的表现方法与其他工程图有所不同。道路工程施工图是由道路平面图、道路纵断面图、横断面图及构造详图组成的。道路平面图是在测绘的地形图基础上绘制形成的平面图;道路纵断面图是沿路线中心线展开绘制的立面图;横断面图是沿路线中心线垂直方向绘制的剖面图;而构造详图则是表现路面结构构成及其他构件、细部构造的图样。用这些图样来表现道路的平面位置、线型状况、沿线地形和地物情况、高程变化、附属构筑物位置及类型、地质情况、纵横坡度、路面结构和各细部构造、各部分的尺寸及高程等。

## 10.2 绘制道路工程图

### 10.2.1 设置绘图环境

道路工程图绘图环境的设置需要根据《道路工程制图标准》中相关的规定进行,一般包括绘图界限、单位、草图、图层、线宽、线型、颜色、文字样式、标注样式等方面,具体设置方法同前。

1) 线型与线宽

在道路工程图中常用的线型、线宽及用途见表 10-1 所示。

表 10-1 线型、线宽及用途表

| 线型名称 | 线宽(mm) | 用 途 |
| --- | --- | --- |
| 加粗实线 | 1.0 | 图框线、路线平面图、纵断面图上的设计线 |
| 粗实线 | 0.4～0.6 | 路基边缘线、结构物可见轮廓线、钢筋及钢束线、剖面和断面轮廓线、图中图表外框线 |
| 中粗实线 | 0.2～0.3 | 剖面和断面剖切线、钢筋构造土中箍筋或预应力钢束布置图中钢筋等 |

| 线型名称 | 线宽(mm) | 用　　途 |
|---|---|---|
| 细实线 | 0.1～0.2 | 导线、切线、尺寸组成线、斜坡及锥坡线、作图线、指示线、配筋(束)图中结构的轮廓线、断面图上非直接剖切结构物可见轮廓线、水面线、地面线等 |
| 粗虚线 | 0.4～0.6 | 路线平面图上的比较线 |
| 细虚线 | 0.1～0.2 | 看不见的轮廓线、虚交线、关联线 |
| 中粗点画线 | 0.2～0.3 | 用地界限 |
| 细点画线 | 0.1～0.2 | 轴线及中心线 |
| 粗双点画线 | 0.4～0.6 | 规划红线 |
| 中粗栅栏线 | 0.2～0.3 | 用地界限 |
| 折断线 | 0.1～0.2 | 被断开部分的边线 |
| 波浪线 | 0.1～0.2 | 表示构造层次的局部界线、被断开部分的边线 |

2) 图层

道路工程图中推荐的图层及颜色名称如表 10-2 所示。

表 10-2　图层及颜色推荐表

| 设计内容 | 图线样式 | 图层名称 | 颜　色 |
|---|---|---|---|
| 设计中心线 | 细点画线 | 道路-中心线 | 青(4) |
| 规划中心线 | 细双点画线 | 道路-规划中心线 | 青(4) |
| 道路侧石线 | 粗虚线 | 道路-侧石线 | 蓝(5) |
| 分隔带线 | 中粗虚线 | 道路-分隔带 | 蓝(5) |
| 人行道边线 | 细实线 | 道路-人行道 | (30) |
| 高架道路内边线 | 细实线 | 高架道路-内 | 紫(6) |
| 高架道路外边线 | 中粗实线 | 高架道路-外 | 紫(6) |
| 地面道路侧石线 | 粗虚线 | 道路-侧石线 | 蓝(5) |
| 道路规划红线 | 粗双点画线 | 道路-红线 | 红(1) |
| 绿化控制线 | 粗虚线 | 道路-绿线 | 绿(3) |
| 路面边线 | 粗虚线 | 道路-边线 | 蓝(5) |
| 路基边线 | 细实线 | 道路-边线 | 蓝(5) |
| 河流 | | 河流 | 青(4) |
| 拆迁房屋 | 细实线 | 拆迁房屋 | 白(7) |
| 文字 | 实线,默认线宽 | 文字 | 白(7) |
| 道路实施边线 | 细实线 | 道路-边线 | 白(7) |
| 配筋 | 中粗实线 | 钢筋 | 白(7) |
| 隔离带 | 加方块粗线 | 隔离带 | 白(7) |
| 人行交通护栏线 | 加圆细线 | 护栏线 | 白(7) |
| 平曲线切线 | 细虚线 | 切线 | 绿(3) |

## 10.2.2 绘制道路路线平面图

根据道路平面设计绘制路线平面图应包括资料准备、交点的绘制、直线的绘制及平曲线的绘制等方面的工作。

1）准备设计资料

在绘制路线平面图之前要收集相关的外业资料，如收集公路勘测的中线资料以及地形相关资料等。地形复杂处用大比例，如山区 1∶5000；地形平坦处用小比例，如平原、丘陵处用 1∶2000；城镇区用 1∶500 或 1∶1000。在路线平面图上应画出指北针或测量坐标网，用来指明道路在该地区的方位及走向。平面图中的地形起伏情况主要用等高线表示。在平面图中，地形图上的地貌地物（如河流、房屋、道路、桥梁、电力线、植被等）应按规定图例绘制，常见的图例见表 10-3 所示。

表 10-3　常见地形图图例

| 名　称 | 符　号 | 名　称 | 符　号 | 名　称 | 符　号 |
|---|---|---|---|---|---|
| 房屋 | 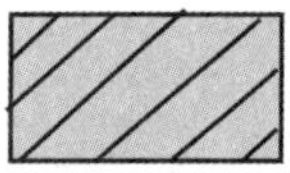 | 涵洞 | | 水稻田 |  |
| 大车路 | | 桥梁 |  | 草地 | 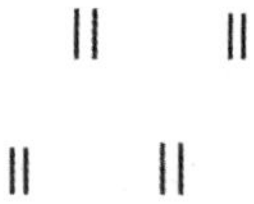 |
| 小路 |  | 菜地 |  | 梨 | 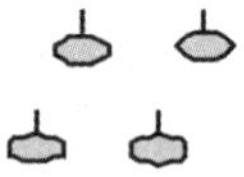 |
| 堤坝 | 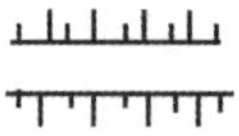 | 旱田 | 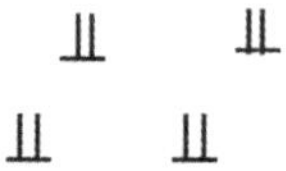 | 高压线<br>低压线 | 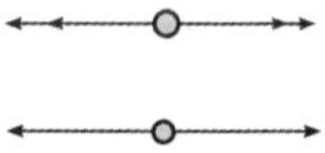 |
| 河流 |  | 沙滩 | 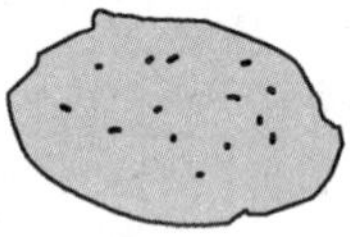 | 人工开挖 | 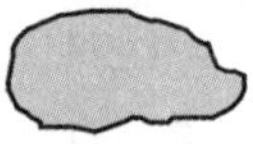 |

2）绘制交点

根据收集到的中线资料，首先算出曲线要素，再根据曲线要素算出直线、曲线及转角表数据，如表 10-4 所示。

表 10-4　直线、曲线及转角表

| 交点号 | 交点坐标 | | 交点桩号 | 转角值<br>（°′″） |
|---|---|---|---|---|
| | X | Y | | |
| 1 | 2 | 3 | 4 | 5 |

| 交点号 | 交点坐标 | | 交点桩号 | 转角值（°′″） |
|---|---|---|---|---|
| | X | Y | | |
| QD | 100565.5 | 235824.7 | | |
| JD1 | 100824.8 | 236046.9 | K0+286.6857 | 30°12′23″ |
| JD2 | 101068.9 | 236025.9 | K0+527.3058 | 10°6′34″ |
| JD3 | 101286.9 | 236046.9 | K0+745.5871 | 37°14′20″ |
| JD4 | 101427.8 | 235961.4 | K0+908.0642 | 58°21′08″ |
| JD5 | 101577.3 | 236038.1 | K1+066.2797 | 15°16′21″ |
| JD6 | 101913.1 | 236112.2 | K1+409.6490 | 84°10′14″ |
| JD7 | 101965.3 | 235958.4 | K1+558.8158 | 82°09′05″ |
| JD8 | 102302.9 | 236023.6 | K1+890.2057 | 27°23′16″ |
| JD9 | 102658.0 | 235919.8 | K2+257.0192 | 15°12′13″ |
| JD10 | 103006.0 | 235912.0 | K2+604.3603 | 15°14′07″ |
| ZD | 103271.8 | 235836.4 | | |

根据统计出的各交点坐标值，使用绘制"点"命令，直接输入点的坐标，即可得到该交点，重复相同的操作得到所有的交点，如图 10-1(a)所示。再利用"直线"命令将这些交点连接起来，得到道路路线的大致走向，如图 10-1(b)所示。

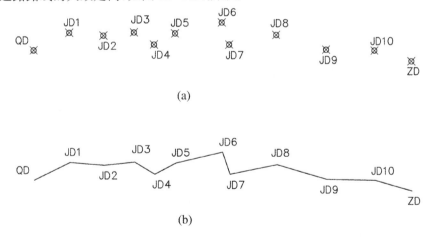

(a)

(b)

**图 10-1　平面路线大致走向**

3）绘制圆曲线

在平面图的设计中包括两种圆曲线，一种是不设缓和曲线的圆曲线（简称圆曲线），另一种是需要加设缓和曲线的圆曲线（简称缓和曲线）。

绘制圆曲线的方法相对简单，例如要绘制图 10-1 中 JD1 处的圆曲线，具体步骤为：

(1) 采用绘制"圆"的相应命令绘制辅助圆，如图 10-2(a)所示。

执行绘制"圆"命令，AutoCAD 命令行提示如下：

命令:circle 指定圆的圆心或[三点(3P)/两点(2P)/切点、切点、半径(T)]: t✓

指定对象与圆的第一个切点:(对象捕捉在第一条直线上指定切点)

指定对象与圆的第二个切点:(对象捕捉在第二条直线上指定切点)

指定圆的半径: 350✓(输入半径数值)

(2) 采用"修剪"命令,剪掉两切点之外多余的圆弧部分,得到圆曲线,如图 10-2(b)所示。

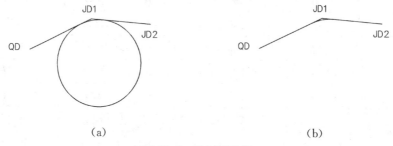

(a)　　　　　　　　　　　　　　　(b)

图 10-2　绘制圆曲线

4)绘制缓和曲线

例如在图 10-1 中 JD3 与 JD2、JD4 之间连接时需设缓和曲线,具体绘制步骤为:

(1) 计算出缓和曲线上各点的 x 和 y 坐标。例如,JD3 处缓和曲线长度 $L_s=30.00$,半径 $R=120.00$,切线长 $T=55.25$,单位 m。根据缓和曲线坐标计算公式计算出缓和曲线上点的坐标,如表 10-5 所示。

表 10-5　缓和曲线上点的坐标(m)

| l | 0 | 5 | 10 | 15 | 20 | 25 | 30 |
|---|---|---|----|----|----|----|----|
| x | 0 | 5.00 | 10.00 | 15.00 | 20 | 25 | 30 |
| y | 0.00 | 0.01 | 0.05 | 0.16 | 0.37 | 0.72 | 1.25 |

(2) 利用"对齐标注"命令和已知的切线长度找出直缓点 A 和缓直点 B 的位置,如图 10-3(a)所示。

(3) 在直缓点 A 处建立坐标系(如图 10-3(b)所示),并旋转至如图 10-3(c)所示的位置。

(4) 根据之前所求缓和曲线上各点的坐标绘制各点在新坐标系上的位置,如图 10-3(d) 所示。

(5) 采用样条曲线将各点连接起来,如图 10-3(e)所示。

(6) 使用"镜像"命令得到另外一侧的缓和曲线,如图 10-3(f)所示。

(7) 利用圆弧命令绘制出两段缓和曲线之间的圆曲线,如图 10-3(g)所示。

(8) 最后恢复原有的坐标系,并去除辅助线便得到所要绘制的带有缓和曲线的平曲线, 如图 10-3(h)所示。

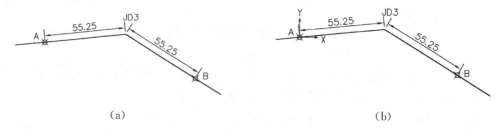

(a)　　　　　　　　　　　　　　　(b)

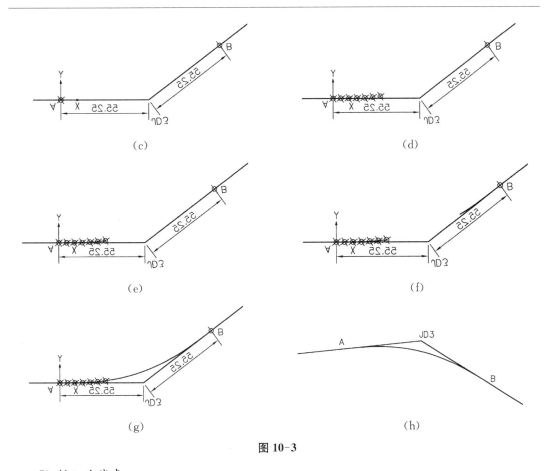

**图 10-3**

5）插入曲线表

选择【插入】菜单下的"OLE 对象"选项可将用 Excel 表制作的"直线、曲线及转角表"插入合适位置，如图 10-4 所示。

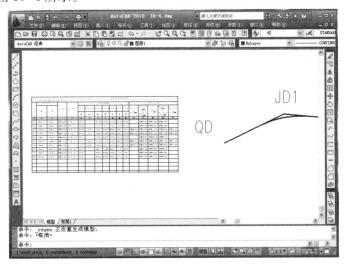

**图 10-4　插入平曲线要素表**

6）图形标注

路线平面图绘制完成后，可利用"单行文字"命令进行文字标注。路线的长度是用里程表示的，里程桩号应标注在道路中线上，从路线起点至终点，按从小到大、从左到右的顺序排列。公里桩宜标注在路线前进方向的左侧，用符号"◑"表示，百米桩宜标注在路线前进方向的右侧，用垂直于路线的短线表示；也可在路线的同一侧，均采用垂直于路线的短线表示公里桩和百米桩，如图 10-5 所示。

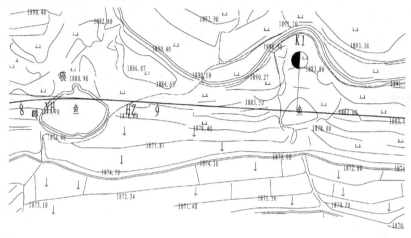

**图 10-5 公里桩和百米桩标注**

7）图形输出

由于道路平面图一般很长，不可能将整个路线平面图打印输出在同一张图纸内，通常需要分段输出在若干张图纸上，平面图中路线的分段宜在整数里程桩处断开，断开的位置均应画出垂直于路线的细点画线作为拼接线。路线平面图输出时应从左向右进行，桩号为左小右大。平面图的植被图例应朝上或向北绘制；每张图纸的右上角应有角标，注明图纸序号及总张数，如图 10-6 为一道路平面图的第二张输出图形。

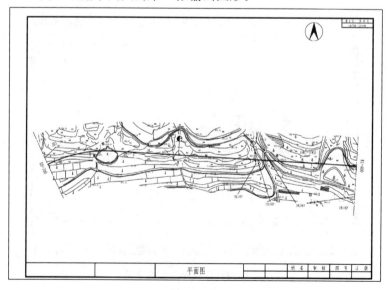

**图 10-6 某道路平面路线图**

### 10.2.3　绘制道路纵断面图

道路纵断面图是通过道路中心线用假想的铅垂剖切面纵向剖切,然后展开绘制后获得的图样。由于道路路线是由直线和曲线组合而成的,所以纵向剖切面既有平面又有曲面。为了清楚地表达路线的纵断面情况,需要将此纵断面拉直展开,并绘制在图纸上,这就形成了道路路线纵断面图。路线纵断面图的作用是表达路中线地面高低起伏的情况,设计路线的坡度情况,以及土壤、地质、水准点、人工构造物和平曲线的示意情况。

1)准备设计资料

需要准备的设计资料包括设计基本资料和平面线型设计资料。

道路纵断面图中水平方向由左至右表示路线的前进方向,垂直方向表示高程。由于路线的高差与其长度相比要小很多,为了表示清楚路线高度的变化,《国标》规定断面图中的距离与高程宜按不同的比例绘制,水平比例尺与平面图一致,垂直比例尺相应地用 1∶200～1∶500。

道路纵断面图的内容包括图样和测设数据两部分,图样应布置在图幅上部,测设数据应采用表格形式布置在图幅下部,高程应布置在测设数据表的上方左侧,图样与测设数据的内容要对应。

2)建立标尺

(1)采用"矩形"命令绘制 3 mm×10 mm 的矩形,如图 10-7(a)所示。

(2)采用"复制"命令,在上方对应绘制相同大小的矩形,并竖向绘制一条中线,如图 10-7(b)所示。

(3)采用"图案填充"命令将左下和右上两个小矩形填充黑色,如图 10-7(c)所示。

(4)采用"矩形阵列"命令生成全部标尺并标注高程,如图 10-7(d)所示。

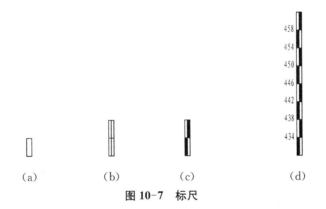

(a)　　　　　(b)　　　　　(c)　　　　　　　(d)

**图 10-7　标尺**

3)绘制数据表

(1)绘制数据表

采用表格绘制命令绘制数据表,如图 10-8 所示。

**图 10-8　数据表**

（2）填写平面设计资料及地质资料

参照第 6 章文字注写的方法，将桩号、原地面高程、平曲线资料及地质资料填写在下方数据表格内，如图 10-9 所示。

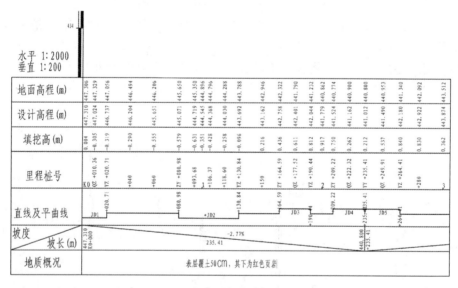

**图 10-9　平面设计资料及地质资料**

4）点绘地面线

通过绘制"点"命令将平面路线图中每个桩号点处的高程绘至对应的标尺高程，再利用"直线"命令将这些点连接起来得到地面折线，如图 10-10 所示。

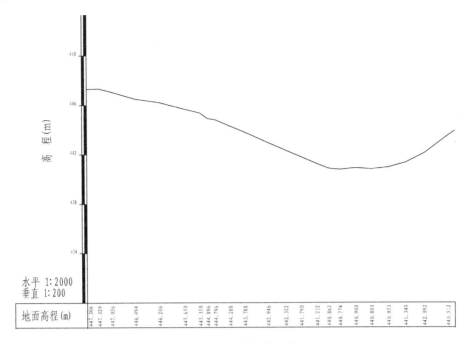

**图 10-10   点绘地面线**

5）绘制变坡线

根据纵断面的坡度坡长设计资料确定变坡点的位置，并用"圆"命令绘制变坡点。其中变坡点应用直径为 2 mm 的中粗线圆圈表示。再利用"直线"命令将变坡点连接起来得到设计坡度线，如图 10-11 所示。

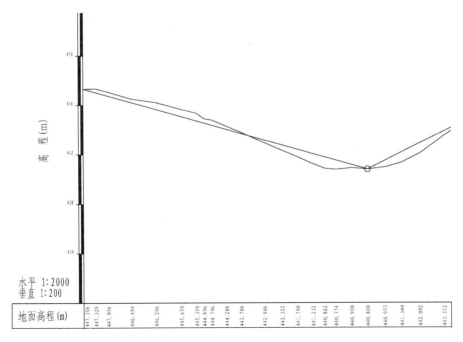

**图 10-11   绘制设计坡度线**

6）绘制竖曲线

当路线坡度发生变化时，为保证车辆顺利行驶，应设置竖向曲线。竖曲线分为凸曲线和凹曲线两种，分别用"⌐⌐"和"⌐⌐"表示，并应标注竖曲线的半径（R）、切线长（T）和外距（E）。竖曲线符号一般画在图样的上方，《国标》规定也可布置在测设数据内。根据纵断面竖曲线设计资料，通过"圆弧"命令绘制竖曲线，如图 10-12 所示。

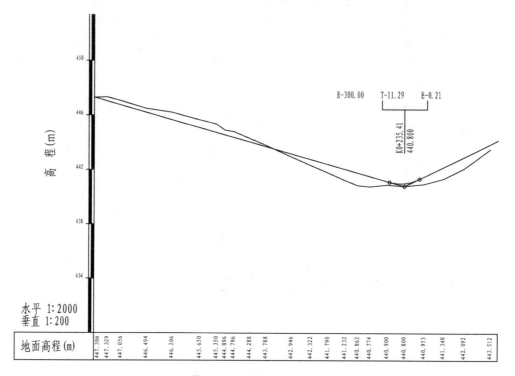

**图 10-12　纵断面设计图**

7）图形输出

完成纵断面设计图后往往要打印输出成一系列图纸。由于道路纵断面图一般很长，通常也需要分段输出在若干张图纸上，路线纵断面图应由左向右按路线前进方向顺序绘制，如图 10-13 所示。每张图的右上角，应注明该图纸的序号及纵断面图的总张数，其中分母表示路线纵断面图的总张数，分子表示该图纸的序号。图形输出时用相应的输出图框截取纵断面图，并填写相应的工程信息后出图，如图 10-14 所示。

## 10.2.4　绘制路基横断面图

路基横断面图是在垂直于道路中线的方向上所作的断面图。路基横断面图的作用是表达各中心桩处地面横向起伏状况以及设计路基的形状和尺寸。它主要为路基施工提供资料数据和计算路基土石方提供面积资料，比例尺常用 1：100～1：200。

1）收集资料

包括道路平面、纵断面的相关设计资料。

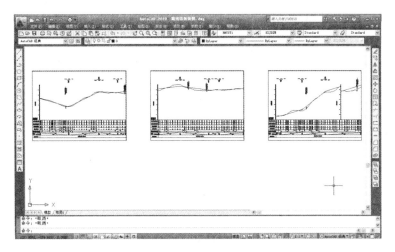

图 10-13　纵断面分页图

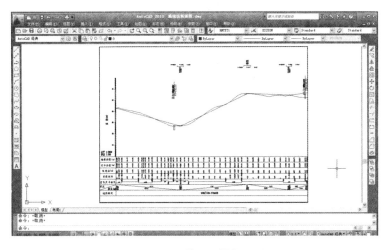

图 10-14　某一页纵断面图

2）点绘地面线

通过绘制"点"命令绘制每一里程桩号处道路中线的高程,以及垂直于道路中线方向每隔几米提一个点的高程,再利用"直线"命令将这些点连接起来即为原始地面高程线,如图 10-15 所示。

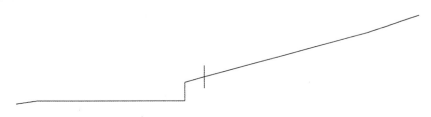

图 10-15　原始地面高程线

3）戴帽子

采用"直线"命令,根据设计高程和横断面路拱坡度将横断面设计线绘制出来,然后绘制设计比例的边坡线,这个过程俗称"戴帽子",如图 10-16 所示。

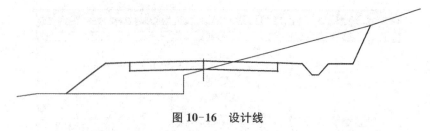

**图 10-16　设计线**

4）标注

根据原始地面高程、设计高程和边坡坡度计算填挖值并计算填挖面积,将计算结果和桩号标注于横断面图下方,如图 10-17 所示。

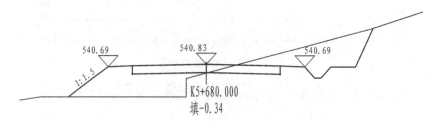

**图 10-17　横断面图**

5）绘制标准横断面图

采用同样的方法,根据《道路工程制图标准》和道路设计的基本参数绘制道路标准横断面图,如图 10-18 所示。

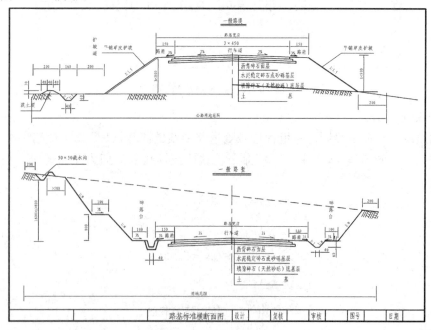

**图 10-18　标准横断面图**

6）图形输出

图形输出时横断面图在图框内的排序应按由下往上、从左到右的顺序,并填写相应的工程信息,如图 10-19 所示。

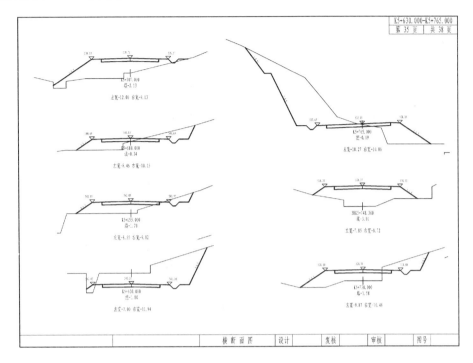

**图 10-19 横断面图的出图布置**

## 复习思考题

根据道路勘测设计资料,绘制一个道路平面图、纵断面图和横断面图。

# 11 打印与输出

当图形绘制完毕，最后一步就是要将图形打印成图纸，或者是输出为其他文件格式，供第三方软件调用或查看。本章主要介绍图样的打印设置与打印输出等。

## 11.1 图形的输出环境

在图形打印与输出之前，首先需要选择输出环境，即在模型空间还是在布局空间进行打印与输出，因为两者的操作和设置是不尽相同的。在模型空间中打印，因为其操作原理较容易理解，故被不少初学者广泛使用；而被专门设计出来用于打印的布局空间，由于操作上较前者烦琐，因此多为专业人员所使用。其实两种空间出图各有优缺点，关键是看用户自己如何选择。

## 11.2 页面设置管理

AutoCAD 在打印出图之前，必须先进行页面设置管理，即对打印设备、图纸大小、打印比例、打印样式等涉及输出外观与格式的一些参数进行设置，这样才能打印出符合要求的专业图样。两种空间的页面设置除了打印比例的设定不同外，其余参数设置大致相同。但需要注意的是：针对模型空间打印所设置的页面不能应用到布局空间，反之亦然。

选定输出环境后，用户可通过【页面设置管理器】进入【页面设置】对话框来实现对页面和打印的设置。打开【页面设置管理器】的方法有：

(1) 命令行：PAGESETUP

(2) 菜单栏：【文件】菜单→"页面设置管理器"命令

(3)【布局】工具栏→"页面设置管理器"按钮 🖺

(4) 在模型或布局选项卡上点击鼠标右键，选择"页面设置管理器"选项

采用上述方式执行命令后，系统弹出如图 11-1 所示的【页面设置管理器】对话框，单击右侧"修改"按钮，将弹出如图 11-2 所示的【页面设置】对话框（请注意模型或布局空间所打开对话框的区别在标题上会显示，其中图(a)为模型空间，图(b)为布局 1 空间）。

下面就【页面设置】对话框中主要选项的功能说明如下：

1) 页面设置

"页面设置"选项用来显示新建页面设置的名称，若未新建页面设置而是修改当前页面设置则显示"无"。

(a) 模型空间　　　　　　　　　　　　　　　(b) 布局 1 空间

**图 11-1 【页面设置管理器】对话框**

(a) 模型空间　　　　　　　　　　　　　　　(b) 布局 1 空间

**图 11-2 【页面设置】对话框**

2）打印机/绘图仪

在"打印机/绘图仪—名称"选项右侧的下拉列表框中列出了本机可用的 PC3 文件或系统打印机，供用户选用以打印或输出当前布局或图纸，其中设备名称前的图标可以识别其为 PC3 文件还是系统打印机。

在电脑没有安装真实打印机的情况下，用户可以通过选择不同的虚拟打印设备输出文件，供第三方软件打开。不同虚拟打印机输出的文件格式如下：

MicrosoftXPS Document Writer　　　　　　　　　　　　　　输出 *.xps 格式的文件

DWF6 eplot.pc3　　　　　　　　　　　　　　　　　　　　　输出 *.dwf 格式的文件

DWG To PDF.pc3　　　　　　　　　　　　　　　　　　　　输出 .pdf 格式的文件

Publish To Web JPG.pc3　　　　　　　　　　　　　　　　　输出 *.jpg 格式的文件

Publish To PNG JPG.pc3　　　　　　　　　　　　　　　　　输出 *.png 格式的文件

TIFF Version 6(CCITTG4 二维压缩).pc3　　　　　　　　　　输出 *.tif 格式的文件

3）图纸尺寸

"图纸尺寸"下拉列表框中可显示与所选打印设备相关的图纸大小，不同的打印设备有不同尺寸大小的标准图纸可供选用。如果"打印机/绘图仪"选项选择"无"，将显示全部标准图纸尺寸的列表以供选择。

　　用户也可在选择打印机/绘图仪后,根据需要自定义图纸尺寸大小。方法是:点击"打印机/绘图仪名称"右方的"特性"按钮,打开【绘图仪配置编辑器】对话框。图 11-3 是"Publish To Web JPG. pc3"打印机的"自定义图纸尺寸"的方法:选中"自定义图纸尺寸"选项,点击自定义图纸的添加按钮,弹出【自定义图纸尺寸】向导对话框(图 11-3(b)),按照对话框的提示逐步设置图纸宽度和高度(如图 11-3(c)中 3456 和 4889 像素)、名称(如图 11-3(d)中 K1(3456 * 4889 像素))后,点击"完成"按钮及【绘图仪配置编辑器】对话框的"确定"按钮,此时在【页面设置】对话框中的"图纸尺寸"下拉列表框中可找到新定义的图纸尺寸"K1(3456 * 4889 像素)",如图 11-3(f)所示。

(a)【绘图仪配置编辑器】对话框

(b)【自定义图纸尺寸】向导对话框

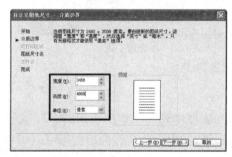

(c)【介质边界】向导对话框

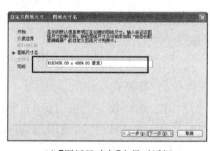

(d)【图纸尺寸名】向导对话框

(e) 完成尺寸自定义

(f) 查找新定义图纸尺寸

**图 11-3　自定义图纸尺寸**

4）打印区域

"打印区域"选项用来指定要打印的图形范围。在"打印范围"下拉列表框中，用户可以选择不同的方式来确定要打印的图形区域，如图 11-4 所示。

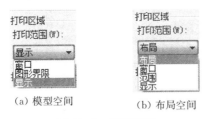

（a）模型空间　　　（b）布局空间

图 11-4　打印区域

5）打印偏移

"打印偏移"选项用于指定打印区域相对于可打印区域左下角或图纸边界的偏移量。用户可以直接输入"X"和"Y"方向的偏移数值，也可勾选"居中打印"复选框，自动计算 X 偏移和 Y 偏移值，在图纸上居中打印，如图 11-5 所示。当"打印区域"设置为"布局"时，"居中打印"选项不可用。

图 11-5　打印偏移　　　　　　　　图 11-6　打印比例

6）打印比例

"打印比例"选项用于控制图形单位与打印单位之间的相对尺寸。在"模型"空间打印时，系统默认为"布满图纸"；在"布局"空间打印时，系统默认为比例 1∶1。用户也可在不勾选"布满图纸"复选框情况下自行设置"比例"，图形"单位"以及是否与打印比例成正比"缩放线宽"等，如图 11-6 所示。

7）打印样式表

"打印样式表"选项用于设定打印图形的外观，这些外观包括对象的颜色、线型和线宽等，也可指定对象的端点、连接和填充样式，以及抖动、灰度、笔指定和淡显等输出效果。

用户可以在"打印样式表"下拉列表框中，选择除"无"以外的打印样式表进行图形打印，如图 11-7 所示。也可点击右侧"编辑"按钮 ，打开如图 11-8 所示的【打印样式表编辑器】对话框修改或另存打印样式表。

若在第二篇所介绍的 T20 天正建筑 V4.0 软件环境下进行打印，"打印样式表"需选择相应的"TArch20V4.cbt"。

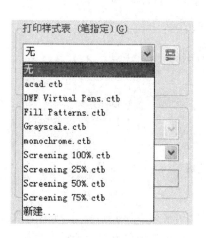

图 11-7 "打印样式表"下拉列表框

图 11-8 【打印样式表编辑器】对话框

8）着色视口选项

"着色视口选项"用于设置着色和渲染视口的打印方式,并通过"质量"下拉列表框选择着色和渲染视口的打印分辨率,如图 11-9 所示。

"DPI"选项用于设置渲染和着色视图的每英寸点数,只有在"质量"下拉列表框中选择"自定义"后才可用。

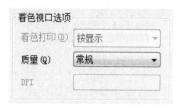

图 11-9 着色视口选项

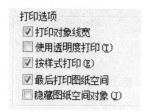

图 11-10 打印选项

9）打印选项

"打印选项"用于指定打印样式、对象的打印次序等属性。若勾选"按样式打印"复选框,系统会默认同时选中"打印对象线宽"复选框。"最后打印图纸空间"通常默认为勾选状态,即先打印模型空间几何图形,然后再打印图纸空间图形对象;"隐藏图纸空间对象"仅在布局选项卡中可用,通常默认为不勾选状态,如图 11-10 所示。

10）图形方向

"图形方向"选项用于指定图形在图纸上的打印方向,纵向（使图纸的短边位于图形的顶部）、横向（使图纸的长边位于图形的顶部）或上下颠倒放置打印图形,如图 11-11 所示。

以上各项设置完成后,用户可以通过左下角的 预览(P)... 按钮查看打印输出图形的效果。若需要退出"预览",单击鼠标右键选择"退出"即可。此时再点击【页面设置】对话框下部的"确

图 11-11 图形方向

定"按钮,即完成页面设置,可以进行打印。

## 11.3　打印输出

下面以第9章的"梁结构图"为例分别介绍在模型和布局空间以 1∶20 的比例打印输出 A3 图的方法和步骤。由于在学习阶段电脑可能未连接真实的打印机,因此本节将选择系统 提供的"Microsoft XPS Document Writer"的虚拟打印机,打印输出 *. xps 格式的图形文件。 其他打印机打印输出方法类似。

1)在模型空间里打印出图

(1)调出第9章已画好的"梁结构图"(图框需设置在模型空间),或在模型中新绘制图 样并设置相应图框,方法参照第9章 9.2.2 节相关内容。

(2)参照 11.2 节学习的方法在模型空间进行页面设置。其中"打印机名称"下拉列表 框中选择系统提供的"Microsoft XPS Document Writer"打印机,图纸尺寸为"A3","打印范 围"选择"窗口",切换到图形窗口捕捉到外图框的左下和右上两个角点作为打印范围;"打印 偏移"中勾选"居中打印",设置"打印比例"1∶20;"打印样式表(笔指定)"选用 monochrome. ctb;图形方向"横向"。如图 11-12 所示。

(3)通过下面列出的任何一种操作方式执行"打印"命令,打开【打印—模型】对话框,如 图 11-13 所示,直接点击"确定"按钮,在打开的【文件另存为】对话框中输入文件名(如"模型 空间打印例图"),并选择存储位置即可。

① 命令行:PLOT

② 菜单栏:【文件】菜单→"打印"命令

③【标准】工具栏→"打印"按钮 

④ 在【模型】选项卡上点击鼠标右键,选择"打印"选项

图 11-12　模型空间【页面设置】对话框

图 11-13　【打印—模型】对话框

输出后的 *. xps 图形文件图标为 ,打开后如图 11-14 所示。若为真实打印机, 点击"确定"后,则会打印出图纸。

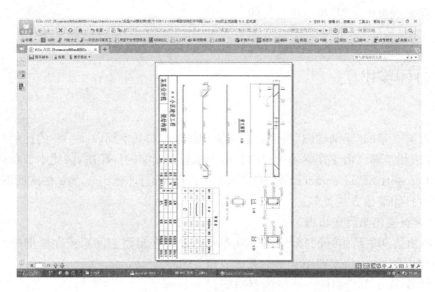

**图 11-14　输出后的模型空间打印例图 ＊.xps 图形文件**

2）在布局空间里打印出图

（1）调出第 9 章已画好的"梁结构图"（图框需设置在布局空间，并新建矩形视口），或在模型中新绘制图样，在布局空间设置相应图框，方法参照第 9 章 9.2.2 节相关内容。

（2）参照 11.2 节的方法在布局空间进行页面设置。其中"打印机名称"下拉列表框中选择系统提供的"Microsoft XPS Document Writer"打印机，图纸尺寸为"A3"，"打印范围"选择"布局"，设置"打印比例"1∶1；"打印样式表（笔指定）"选用 monochrome. ctb；图形方向"横向"。如图 11-15 所示。

**图 11-15　布局空间【页面设置】对话框**

（3）调整视口中图形的显示。该步操作对于在布局空间里打印非常关键，因为在布局空间里打印时的比例通常为1∶1，图形对象在视口里的显示状态就是输出后的状态。

具体操作步骤如下：

① 在视口内部双击鼠标左键激活视口，通过"实时缩放"将图形显示在视口中，如图 11-16(a)。

② 打开"视口"工具栏 [工具栏图标] 1:20，在比例窗口选择（或输入）比例为1∶20，此时图形大小与出图效果一致，如图 11-16(b)。

③ 通过"实施平移"调整图形至视口里合适的位置，如图 11-16(c)。

④ 在视口外部双击鼠标左键，关闭视口激活状态，防止图形对象被移动或缩放，如图 11-16(d)（其中图 11-17 中虚线框是该打印设备可打印区域）。

（4）执行"打印"命令，打印输出图形文件（方法同 11.3.1）。

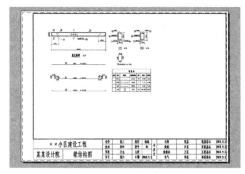

（a）将图形显示在视口中

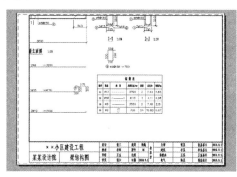

（b）按输出比例缩放

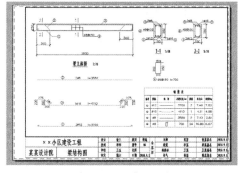

（c）调整图形至合适的位置

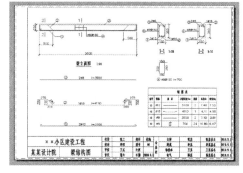

（d）关闭视口激活状态

**图 11-16　调整视口中图形的显示**

3）在布局空间多比例布图

第 9 章中绘制"梁结构图"时我们提到：在图形中有两种以上不同的绘图比例时（如梁立面图 1∶20，断面图 1∶10），我们是先把其中一个比例当作最后的统一出图比例，在绘图时将其他图形缩放相应倍数绘制。当然，也可先按图形实际尺寸绘制，在打印时采用多比例出图。下面介绍在布局空间多比例出图的方法和步骤。

（1）调出第 9 章已画好的"梁结构图"（图框需设置在布局空间，并沿绘图区域新建矩形视口）。

（2）将断面图 1—1、2—2 和箍筋详图④缩小 0.5 倍，要注意"断面图标注"尺寸样式中的【调整】选项卡"使用全局比例"改为"10",【主单位】选项卡中测量单位比例因子改为"1"。

也可在模型空间里采用 1：1 的比例新绘制所有图形对象,在布局空间设置相应图框,并新建多边形视口。

(3) 切换到布局空间,按照 11.3.2 节布局空间打印步骤的(2)～(3),只将比例为 1：20 的图形调整布置在多边形视口适当位置,此时比例 1：10 的图形不显示在此视口中,如图 11-17(a)所示。

(4) 在矩形视口外部新建一个小矩形视口,任意指定视口的两个角点,如图 11-17(b)所示(注意:为了避免视口边框被打印出来,应先新建一个"视口"图层,把该图层设为不可打印,并置为当前,然后在该图层上绘制新视口)。

(5) 激活小矩形视口,在其内部只布置比例为 1：10 的图形,如图 11-17(c)所示。若视口尺寸太小,可在选中情况下,采用拖拽夹点的方法将其拉大,如图 11-17(d)所示。

(6) 将小矩形视口激活状态关闭后,移动至多边形视口右上角合适位置,如图 11-17(e)所示。

(7) 执行"打印"命令,打印输出图形文件。

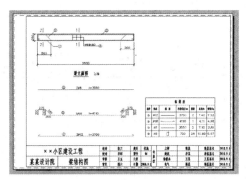

（a）创建新矩形视口并按比例 1：20 显示视图

（b）创建小矩形视口

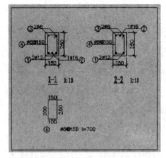

（c）在小矩形视口中并按比例 1：10 显示视图

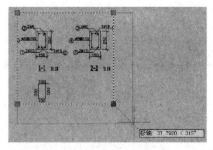

（d）调整小矩形视口大小

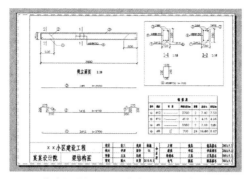

(e) 将小矩形视口重叠在多边形视口合适位置

**图 11-17 多比例布图**

## 11.4 其他输出方式

除了将图形对象打印在图纸上以外,我们还经常利用虚拟打印机/绘图仪将其输出为图片(方法同前一节)、电子传递、创建为网页发布到 Internet 等格式,以便查看或交流。

1)电子传递

AutoCAD 文件在传递过程中,经常会发现所携带的文字、图块、打印样式等从属文件到达收件人电脑时会丢失或发生改变,影响文件的正常使用。通过"电子传递",可以打包图形文件,且传递包中会自动包含所有相关的从属文件,从而降低出错的可能性。

图形绘制完成并保存后,电子传递的方法为:在命令行输入"ETRANSMIT"或在【文件】下拉菜单中选择"电子传递"选项,可弹出如图 11-18 所示的【创建传递】对话框。

对话框中主要选项的功能说明如下:

(1)"当前图形—文件树/文件表"中显示要创建传递的图形文件,系统默认给"当前图形"创建传递,用户可以通过对话框中的"添加文件"按钮添加其他文件。

(2)"输入要包含在此传递中的说明"文本框用于输入各种说明文字。

(3)"选择一种传递设置"用于指定传递的类型,系统默认为"STANDARD",也可通过对话框中的"传递设置"按钮修改或新建传递类型、位置、路径等设置。

设置完成后,点击"确定"按钮,在弹出的【指定 Zip 文件】对话框中输入文件名后保存(图 11-19),即生成图标为 ▨▨ 简支梁结构图 - STANDARD WinRAR ZIP 压缩文件 的压缩文件包,可用于 Internet 的电子传递。

2)网上发布

AutoCAD 2016 中,可通过"网上发布"将图形文件创建为 DWF、DWFx、PNG、JPEG 等格式的 Web 网页,将其发布到 Internet 上后供其他用户点击查看。

创建 Web 网页的方法为:

(1)通过下面列出的任何一种操作方式执行"网上发布"命令,可弹出如图 11-20 所示的【网上发布—开始】向导对话框,依据此对话框的提示逐步设置相关选项即可。

图 11-18 【创建传递】对话框　　　　图 11-19 【指定 Zip 文件】对话框

① 命令行：PUBLISHTOWEB

② 菜单栏：【文件】菜单→"网上发布"命令

③ 菜单栏：【文件】菜单→"向导"→"网上发布"命令

如果需要，可以勾选图 11-21 中的"启用 i-drop"复选框，将多个 DWG 文件随所生成的图形一起发布，同时可以允许访问用户将图形文件拖放到自己的 AutoCAD 任务中去。

（2）【网上发布】向导对话框的最后一步是【预览并发布】对话框（图 11-22），可以点击"预览"按钮观察网页的效果，点击"完成"按钮，完成 web 页的创建。

（3）用户可以将创建的 web 页目录中的所有文件复制到 Web 站点，进而发布到 Internet。

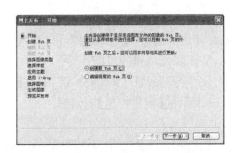

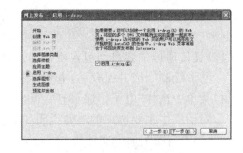

图 11-20 【网上发布—开始】向导对话框　　　图 11-21 【启用 i-drop】对话框

（4）也可直接点击【预览并发布】对话框中"立即发布"按钮，弹出【发布 Web】对话框（图 11-23），选择好存储位置后点击"保存"按钮，进一步弹出【发布成功完成】提示框（图 11-24），点击"确定"按钮即可完成发布。发布 Web 页后，用户还可以点击 发送电子邮件(S) 按钮，创建、发送电子邮件。

3）输出

在 AutoCAD 2016 中可以将文件输出为三维 DWF、WMF 图元文件、ACIS 格式等图形文件。

图形文件输出方法为：在命令行输入"EXPORT(EXP)"或在【文件】下拉菜单中选择"输出"选项，可弹出如图 11-25 所示的【输出数据】对话框，通过此对话框输入文件名，选择输出文件的类型后保存即可。

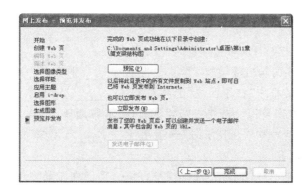

图 11-22 【预览并发布】对话框

图 11-23 【发布 Web】对话框

图 11-24 【发布成功完成】提示框

图 11-25 【输出数据】对话框

## 复习思考题

### 一、填空题

1. AutoCAD 2016 的输出环境有_____和_____两个。

2. 【页面设置】对话框中"打印区域"选项用来_____。若要打印图形的某一部分,采用_____方式确定打印范围。若在布局空间打印,通常选择_____方式确定打印范围。

3. 【页面设置】对话框中"图形方向"选项用于_____,用户可以_____、_____或_____打印图形对象。

4. 如果在图形中有两种以上不同的绘图比例时,可以在布局空间采用_____方式进行打印。

5. 在 AutoCAD 2016 进行文件电子传递的命令是_____,创建 Web 网页的命令是_____,输出的命令是_____。

### 二、上机操作题

绘制一个土木工程专业图样(如建筑平面图或道路纵断面图),分别在模型空间和布局空间里将文件按照 1∶100 的比例打印,或采用"DWF6 eplot. pc3"系统打印机输出为 DWF 格式的图片文件。

# 第二篇　天正建筑实例

# 12　天正建筑软件简介

## 12.1　简介

天正建筑软件是一款基于 AutoCAD 平台开发的优秀国产软件,具有二维图形绘制与三维空间表现同步一体化的特点。天正建筑软件将大量的建筑构件如门窗、楼梯、阳台、台阶等设计成天正自定义的对象。这些自定义的对象都是带有专业数据的构件模型,具有很高的智能化。用户通过设定自定义对象的各项参数,能够在绘制二维施工平面图的同时,同步得到三维模型。

从 1994 年天正建筑软件问世以来,经历了天正 3.0、天正 5.0、天正 6.0、天正 7.0、天正 8.0 等多个版本。本书采用的是 T20 天正建筑 V4.0 版本。

安装天正建筑之前必须先安装 AutoCAD,安装完毕的天正建筑软件是作为一个插件安装在 AutoCAD 内。因此,天正建筑软件对电脑软硬件环境的要求,取决于 AutoCAD 平台对电脑配置的要求。

需要注意的是,如果电脑上安装了多个符合天正建筑软件使用条件的 AutoCAD 版本(包括 AutoCAD Architecture 等在内),首次启动时将提示选择天正建筑在哪个版本的 AutoCAD 中运行,如图 12-1 所示。

**图 12-1　AutoCAD 平台选择**

说明:

(1) 如果不希望每次打开天正建筑时都提示选择 AutoCAD 版本,可以勾选对话框左下方的"下次不再提问"。以后将按当前选择启动对应的 AutoCAD 版本和天正建筑。

(2) 如果用户需要变更 AutoCAD 版本,只要在天正屏幕菜单【设置】→【自定义】对话框的"基本界面"选项卡中勾选"启动时显示平台选择界面",下次启动天正建筑时即可重新选择 AutoCAD 版本,如图 12-2 所示。

图 12-2 【天正自定义】对话框

## 12.2 天正建筑软件的基本使用方法

天正建筑的所有基本操作都可以通过直接点击"天正屏幕菜单"(如图 12-3 所示)对应的操作命令,然后在弹出的操作对话框中设置相关参数,或者根据命令提示行的提示来完成绘图操作。

例如要绘制墙体,首先点击天正屏幕菜单【墙体】→【绘制墙体】,然后在弹出的【墙体】对话框上设置好墙体的各项参数后,再根据命令提示行的提示绘制各段墙体。操作流程如图 12-4 所示。

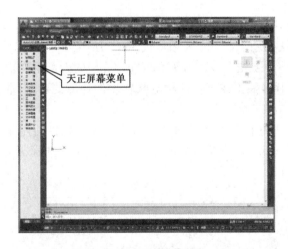

图 12-3 天正屏幕菜单

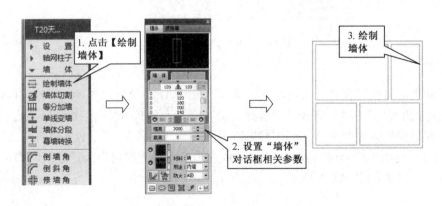

图 12-4 操作流程示例

　　关闭天正屏幕菜单,可以采取点击天正屏幕菜单右上方的 █✕█ 按钮;若要重新显示天正屏幕菜单,可以使用组合键"CTRL+"。注意后面的"+"不能用键盘最右侧数字组里的"+",而应用键盘中间上方"Backspace"左侧的"+"。

　　此外,天正屏幕菜单上的各项操作命令都有对应的快捷命令。快捷命令是对应操作命令汉字的首写字母。如【绘制墙体】的快捷命令是【HZQT】,英文字母不区分大小写。

　　天正建筑自带有详细的使用教程。在使用天正建筑的过程中,如果对某项操作命令的使用方法不清楚、不明白,可以鼠标右键点击天正屏幕菜单上的对应操作命令,然后在出现的右键快捷菜单上选择"实时助手",即会弹出关于该命令的详细解释和说明。

　　考虑到天正建筑是个比较容易上手的软件,自身也带有详细的教程。故本书并不对天正建筑的所有操作命令逐一做详细的说明,只以某商业住宅楼的建筑施工图绘制为例,介绍使用天正建筑绘制一整套建筑施工图时所涉及的相关基本操作,以起到抛砖引玉的作用。

## 12.3　天正建筑软件基本参数设置

　　在使用天正建筑绘制建筑施工图之前,需要先了解一下它的一些基本参数。

　　点击天正屏幕菜单【设置】→【天正选项】,或直接在命令提示行输入快捷命令【TZXX】,弹出【天正选项】对话框,如图 12-5 所示。该对话框分为三个选项卡,其中【基本设定】选项卡涉及天正建筑软件全局相关的参数,它们的设置对整个图形绘制非常重要。下面仅介绍其中两个最重要的参数:

　　(1)"当前比例":默认为 100,可以根据实际情况修改(注意:这里指的是出图比例,实际绘图时按照 1∶1 的比例绘图)。

　　(2)"当前层高":默认为 3000 mm,可根据实际层高进行修改。在绘图过程中诸如墙体、柱子、楼梯等天正自定义对象的高度如果不做特殊设置,默认都等于这里设置的当前层高。

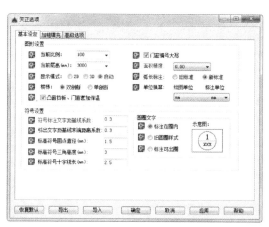

**图 12-5　【天正选项】对话框**

　　从【基本设定】选项卡上还可以看到：天正建筑的默认单位是毫米；勾选"门窗编号大写"，则能保证插入门窗编号时，即使输入小写字母，也能以大写字母显示；在"楼梯"处，可以根据实际需要切换楼梯平面图上折断线的形式是"双剖断"还是"单剖断"。

　　在进入到下一章之前，建议用户熟悉天正屏幕菜单上【设置】里的各项设置，这里由于篇幅所限，不再赘述。

# 13    首层平面图绘制

本章按照某商业住宅楼的首层建筑施工平面图的绘制过程,讲解利用天正建筑绘制建筑施工平面图的相关命令。

## 13.1    轴网绘制

使用天正建筑绘制施工平面图的第一步就是生成轴网。

"轴网"也称为"定位轴线网",是绘制墙体、门窗、阳台、楼梯等建筑构件和标注建筑构件的依据。轴网的绘制主要有"直线轴网""圆弧轴网""墙生轴网"等方法,本书仅介绍最常用的"直线轴网"绘制方法。

### 13.1.1    绘制直线轴网

天正屏幕菜单:【轴网柱子】→【绘制轴网】,或直接在命令行输入快捷命令【HZZW】,弹出【绘制轴网】对话框,如图 13-1 所示。

图 13-1    【绘制轴网】对话框

1) 对话框解释

上开:上方开间轴线之间的数据。如图 13-2 所示 1、2、5、6 轴线之间的距离为"上开"尺寸。

下开:下方开间轴线之间的数据。如图 13-2 所示 1、3、4、6 轴线之间的距离为"下开"尺寸。

左进:左边进深轴线之间的数据。如图 13-2 所示 A、B、C 轴线之间的距离为"左进"尺寸。

右进:右边进深轴线之间的数据。如图 13-2 所示 A、B、C 轴线之间的距离为"右进"尺寸。

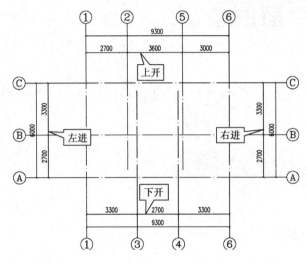

图 13-2　直线轴网

2) 开间及进深数据输入的方式

【绘制轴网】对话框上的"上开""下开""左进"及"右进"的数据输入方法有两种:

(1) 在【绘制轴网】对话框中键入对应的【间距】和【个数】,如图 13-3 所示。

(2) 在对话框下部"键入"栏中输入数据,数据和数据之间用空格分开。如图 13-4 所示。注意:在输完最后一个数据后,仍然需要按一次空格键或 ENTER 键,否则最后一个数据在预览框中没有显示,实际生成的轴网中也没有这个数据。

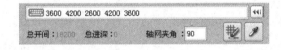

图 13-3　直线轴网输入方式(一)　　　　　图 13-4　直线轴网输入方式(二)

说明:

(1) 输入开间数据:从左往右按照轴线编排顺序,输入对应轴线间的距离。

(2) 输入进深数据:从下往上按照轴线编排顺序,输入对应轴线间的距离。

(3) 如果上、下开间的轴线间尺寸数据相同,则只需在上开或下开中任选一项输入数据;反之,若上、下开间的轴线间尺寸数据不相同,必须分别输入对应的上、下开数据。左、右进深的数据输入方法同理。

(4) 要形成直线轴网,需要将对话框上的上开、下开、左进、右进的数据一次性输完后再点击对话框上的"确定"按钮。

3) 【绘制轴网】操作示例

本例的首层平面图以第 10 号轴线为对称轴,故一开始绘制时只需绘制对称轴左边的施工图。在左边施工图全部绘制完毕后,使用【镜像】命令完成全图。

首层对称轴左边施工图的轴网数据如下:

上开:3600　4200　2600　4200　3600

下开:3600　3300　4400　3300　2900　700

左进:4200　2100　300　4800

右进:尺寸同左进。

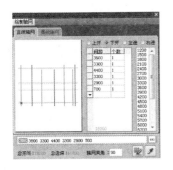

图 13-5　轴网尺寸设置

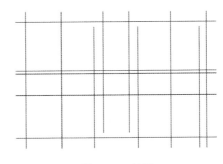

图 13-6　轴网

切记:一定要将所有上、下开和左、右进的数据都设置完毕后,再点击对话框上的"确定"按钮。

## 13.1.2　轴改线型

利用【绘制轴网】命令生成的轴线是实线,若希望轴网以点画线的线型显示,可以点击天正屏幕菜单上的【轴网柱子】→【轴改线型】,或者直接在命令行输入快捷命令【ZGXX】。【轴改线型】操作结果如图 13-7 所示。如果重复该命令操作,可再次将轴线改为实线。

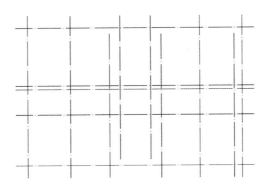

图 13-7　轴改线型

## 13.2　轴线标注

接下来对直线轴网进行轴号和尺寸的标注。天正建筑中可以对轴号和尺寸进行标注的命令有很多,本例中仅介绍最常用的【轴网标注】命令。

### 13.2.1　轴网标注

天正屏幕菜单【轴网柱子】,或直接在命令行输入快捷命令【ZWBZ】,弹出【轴网标注】对话框如图 13-8 所示。

对话框说明:

（1）双侧标注:同时标注"上开"和"下开"或同时标注"左进"和"右进"的轴号和尺寸。

（2）单侧标注:分别标注"上开""下开""左进"及"右进"的轴号和尺寸。标注时,轴号和尺寸标注在点击轴线时选取位置的那一侧。

说明:若选择"双侧标注",则同时生成的轴号,在后期修改时具有关联性;若采用"单侧标注"则与另一侧的轴号不具有关联性。

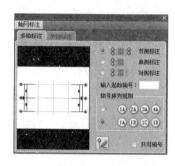

图 13-8　【轴网标注】对话框

（3）对侧标注:轴号和尺寸的标注不在同一侧。轴号标注在选择轴线的那一侧,而尺寸标注在另外一侧。

（4）输入起始轴号:若起始轴号是特殊编号,可以指定起始轴号。若不特别指定,天正会自动识别需要标注的是开间还是进深,并根据制图标准自动编号。开间的起始轴号默认是"1",进深的起始轴号默认是"A"。本例没有特别指定"起始轴号",由天正自动识别。

注意:【轴网标注】命令虽然能一次完成轴号和尺寸的标注,但轴号和尺寸标注二者属独立存在的不同对象,不能联动编辑。

### 13.2.2　操作示例

1）开间标注

标注开间时只需按照先左后右的顺序点击两根轴线。其中起始轴线是最左边竖向的轴线;终止轴线是最右边竖向的轴线,如图 13-9 所示。

注意:

（1）双侧标注:提示选择轴线时,鼠标点击位置任意,只要在最左和最右竖向轴线上即可。

（2）单侧标注:若标注上开间,对应轴线选择时要在最左和最右竖向轴线、中间偏上的

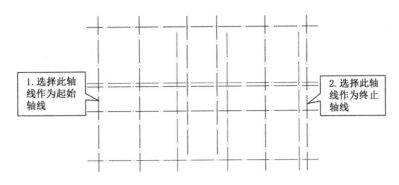

图 13-9  开间标注时的"起始"和"终止"轴线

部位用鼠标点击;若标注下开间,要在最左和最右竖向轴线、中间偏下的部位点击。

本例对上、下开间采用"双侧标注",标注结果如图 13-10 所示。

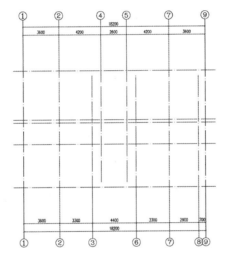

图 13-10  开间标注结果

2)进深标注

标注进深时,同样只需选择两根轴线,顺序是先下后上,即最下面的横向轴线和最上面的横向轴线。起始和终止轴线的选择,如图 13-11 所示。

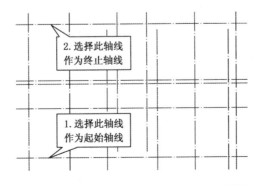

图 13-11  进深标注时的"起始"和"终止"轴线

说明:

(1)双侧标注:鼠标选择轴线时的点击位置任意,只要在这两根横向轴线上即可。

(2)单侧标注:若标注左进深,点击位置在最下和最上横向轴线、中间偏左的任意部位;若标注右进深,点击位置在最下和最上横向轴线、中间偏右的任意部位。

本例首层平面图先只对左进深的轴线进行标注,故选择对话框上的"单侧标注"。左进深标注结果如图13-12所示。

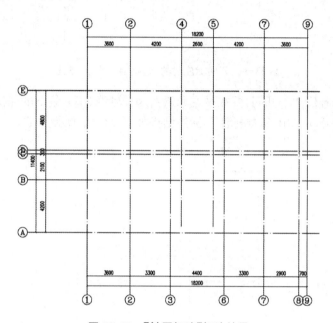

图13-12 【轴网标注】标注结果

## 13.3 轴号编辑

### 13.3.1 调整轴号位置

在图13-12中可以看到左进深上的C轴号和D轴号部分重叠在一起,可以使用夹点拖动对这种重叠的轴号进行微量位移。

操作时:先单击D轴号,显示夹点;鼠标左键单击D轴号圆圈内部的夹点,使夹点由蓝色变为红色;拖动该夹点到适当位置,如图13-13所示。

C轴号的移位采用相同的操作,移位结果如图13-14所示。

采用相同的方法把下开间的8轴号和9轴号进行夹点拖动,调整位置如图13-15所示。

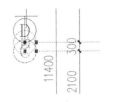

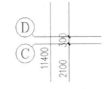

图 13-13　D 轴号夹点拖动　　图 13-14　C 轴号和 D 轴号　　图 13-15　8 轴号和
　　　　　　　　　　　　　　　　　夹点拖动结果　　　　　　　9 轴号夹点拖动结果

### 13.3.2　轴号编号修改

天正【轴网标注】自动生成的轴号有时并不满足实际需要,这时就要对个别或多个轴号进行修改。轴号修改的方法有多种,本例仅介绍单轴变号和重排轴号两种方法。

1) 单轴变号

对于单个轴号进行修改有两种方法:

(1) 在位编辑:直接双击需要修改编号的轴号。注意,点击时一定要双击到文字上;然后在对话框里输入新的编号。以左进深的 B 轴号为例,操作过程如图 13-16 所示。

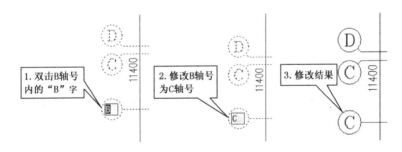

图 13-16　单轴变号

(2) 根据命令行提示操作:如果双击轴号时,双击的部位没在轴号圆圈里面的文字上,而是双击到轴号圆圈上,则该轴号不会出现图 13-16 所示的在位编辑对话框,而是在命令行提示:"选择[变标注侧(M)/单轴变标注侧(S)/添补轴号(A)/删除轴号(D)/单轴变号(N)/重排轴号(R)/轴圈半径(Z)]"。此时操作过程如下:

选择[变标注侧(M)/单轴变标注侧(S)/添补轴号(A)/删除轴号(D)/单轴变号(N)/重排轴号(R)/轴圈半径(Z)]<退出>:N　　　　　　　　　　　　　　　　(选择单轴变号)

请在要更改的轴号附近取一点:　　　　　　　　　　　(本例中在 B 轴号上点击一下)

请输入新的轴号(.空号)<B>:C　　　　　　　　　　　　　　　(输入新的轴号 C)

选择[变标注侧(M)/单轴变标注侧(S)/添补轴号(A)/删除轴号(D)/单轴变号(N)/重排轴号(R)/轴圈半径(Z)]<退出>:　　　　　　　　　　　　　　　　(空格键结束)

采取相同的方法把左进深的原 C 轴号变为 1/C。

左进深轴号修改后的结果如图 13-17 所示。

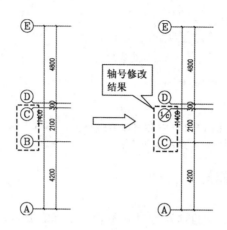

**图 13-17　左进深轴号修改后的结果**

2）重排轴号

如果需要对一系列的轴号进行重新编号,则应采用【重排轴号】命令。【重排轴号】这个命令在天正屏幕菜单上没有,可以直接在命令行输入快捷命令【CPZH】或使用右键快捷菜单。对于后一种方法,操作时先选择需要修改的轴号,然后鼠标右键单击,出现右键快捷菜单,如图 13-18 所示,选择【重排轴号】。

根据命令行提示,【重排轴号】的操作过程如下:

请选择需重排的第一根轴号＜退出＞:　　　　　　　　　　　　　　　　（单击 5 轴号）

请输入新的轴号(. 空号)＜5＞:6　　　　　　　　　　　　　　　（输入 5 轴号的新编号"6"）

说明:因为本例中上、下开的轴号是同时标注的,具有关联性,所以不管是单击上开的 5 轴号还是下开的 5 轴号,上、下开都将统一发生变化。

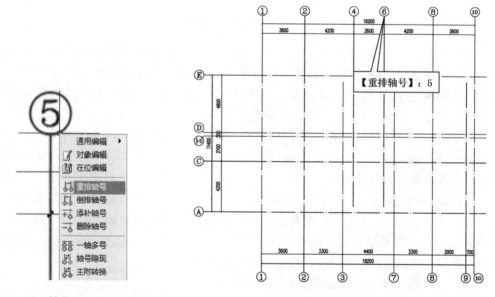

**图 13-18　单击轴号后出现右键快捷菜单**　　　　**图 13-19　对 5 轴号进行重排轴号结果**

## 13.4 墙体的绘制与修改

### 13.4.1 墙体的绘制

天正建筑中,绘制墙体的方法主要有两种。一种是使用【单线变墙】命令,让所有轴线都变成双线墙体,然后再删除多余的墙体;另外一种是使用【绘制墙体】命令,沿着轴线绘制出需要的墙体。本例采用后一种方法。

天正屏幕菜单【墙体】→【绘制墙体】;或直接在命令行输入快捷命令【HZQT】,弹出【墙体】操作对话框,如图 13-20 所示。

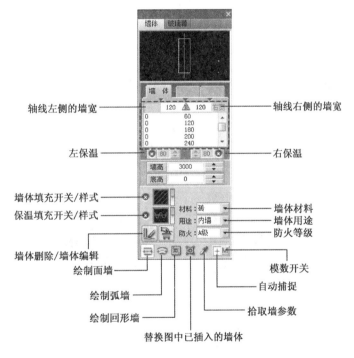

**图 13-20 【墙体】对话框**

按照图 13-20 所示设置好本例中首层墙体的厚度、材料、用途等参数后,鼠标左键捕捉轴线交点逐一绘制各段墙体(如图 13-21 所示)。绘制过程中,若各段墙没有连在一起,可以用空格键结束当前墙体绘制,然后在新位置接着画下一段墙。所有墙体绘制完毕后按【Enter】键结束。

说明:若没有在天正屏幕菜单【设置】→【天正选项】里修改"当前层高"的高度,则【绘制墙体】对话框上的"当前层高"默认是 3000 mm。如果所绘制墙体高度不是 3000 mm,可以在对话框上另行选择或直接输入相应数据。本例这里采用的默认层高为 3000 mm。

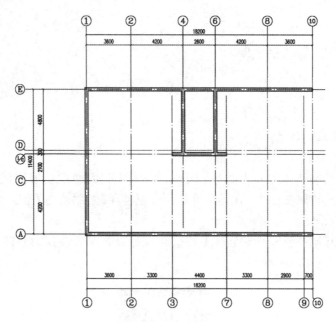

图 13-21　墙体绘制结果

　　【绘制墙体】对话框上的"材料"默认为砖墙,但有多种材料选项可供选择。墙体的用途默认为"内墙",也可选择"外墙""分户""虚墙""矮墙""卫生隔断"。"卫生隔断"是指卫生洁具之间的分隔墙体或隔板,不参与加粗、填充与房间面积计算;"虚墙"是用来进行空间的逻辑分隔,以便于计算房间面积;"矮墙"是指水平剖切线以下的可见墙,如女儿墙,不参与加粗和填充。

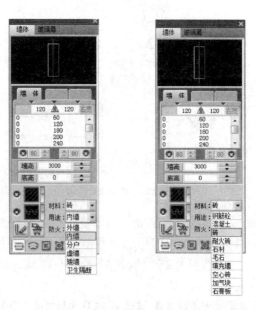

图 13-22　【墙体】对话框各选项

### 13.4.2 墙体高度的修改

本例中首层外墙高度 4650 mm,底标高是－450 mm;内墙高度是 4200 mm,底标高为 0。但绘制首层各段墙体时采取默认的当前层高为 3000 mm,因此需要对首层各段墙体进行修改。

天正屏幕菜单【墙体】→【墙体工具】→【改高度】,或直接在命令行输入快捷命令【GGD】,然后根据命令行的指示进行如下操作:

请选择墙体、柱子或墙体造型:找到 1 个

请选择墙体、柱子或墙体造型:找到 1 个,总计 2 个

请选择墙体、柱子或墙体造型:找到 1 个,总计 3 个

请选择墙体、柱子或墙体造型:指定对角点:找到 2 个,总计 5 个

(以上几步是用鼠标选择需要改高度的外墙,所选墙体如图 13-23 所示)

请选择墙体、柱子或墙体造型:　　　　　　　　　　　　(空格键结束墙体选择)

新的高度＜3000＞:4650　　　　　　　　　　　　　　　(输入新的墙高)

新的标高＜0＞:－450　　　　　　　　　　　　　　　(输入墙的新底标高)

是否维持窗墙底部间距不变?[是(Y)/否(N)]＜N＞:　　　(选 Y 或 N 都可以)

说明:对于最后一步操作"是否维持窗墙底部间距不变?[是(Y)/否(N)]",其含义是指:如果墙上已经绘制了窗,则原来的"窗台高度"在墙高发生变化后是否也跟着发生变化。因为本例现在还没有在墙上绘制窗户,所以选"是"或"否"都可以。

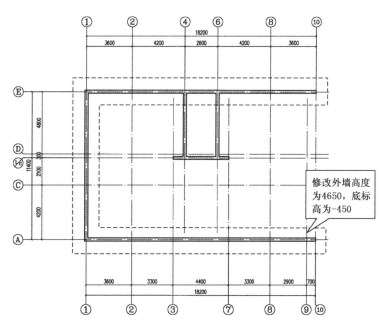

图 13-23 需要改高度的外墙

接下来采用相同的操作对内部墙体进行高度的修改,根据命令行提示进行如下操作:

请选择墙体、柱子或墙体造型:指定对角点:找到 5 个

(所选内墙如图 13-24 所示)

请选择墙体、柱子或墙体造型： （空格键结束墙体选择）

新的高度＜3000＞：4200 （输入新的内墙高度）

新的标高＜0＞： （内墙底标高不变）

是否维持窗墙底部间距不变？［是(Y)/否(N)]＜N＞： （选 Y 或 N 都可以）

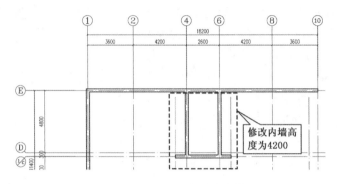

图 13-24　需要改高度的内墙

说明：其实这里的墙体都可以在一开始绘制时就把墙高和底标高设定好。本书为了演示已经绘制的墙体在后期如何修改它的高度和底标高，才一开始没有设定好墙体的这两项参数。

# 13.5　柱子的创建与修改

本例中首层平面图采用【标准柱】形成较为规则的框架柱网，然后再使用【柱齐墙边】命令微量调整柱子的位置。

## 13.5.1　标准柱

天正屏幕菜单【轴网柱子】→【标准柱】；或直接在命令行输入快捷命令【BZZ】，弹出【标准柱】对话框。该对话框的相关说明以及本例"标准柱"的相关参数设置如图 13-25 所示。

说明：在【标准柱】对话框里，可以选择三种方式插入柱子。插入的方式在标准柱对话框左下方，如图 13-26 所示。

（1）第一种插入方式 ⊹：代表"点选"。鼠标每单击一次，则在单击位置插入一根柱子。

（2）第二种插入方式 ⠶：代表"沿着一根轴线布置柱子"。点选一根轴线后，在该轴线上所有和别的轴线相交的交点处都会插入柱子。

（3）第三种插入方式 ⠶：代表"指定的矩形区域内的轴线交点插入柱子"。用鼠标在绘图区域拖出一个矩形选框，该框内所有轴线相交点都被插入柱子。

本例先采用第二种 ⠶ 插入方式即"沿着一根轴线布置柱子"插入柱子。操作时分别选择 A 轴线、E 轴线和 1 轴线，在这三根轴线与别的轴线十字交叉点处插入多根标准柱，插入结果如图 13-27 所示。

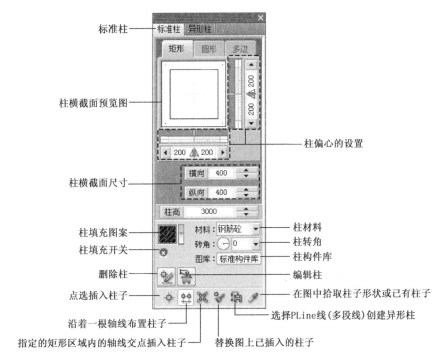

图 13-25　【标准柱】对话框

图 13-26　标准柱的三种可选插入方式

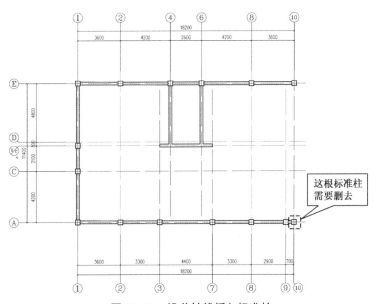

图 13-27　沿着轴线插入标准柱

再采用第一种插入方式 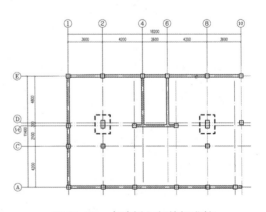，在图 13-28 所示的位置分别"点选"插五根柱子。

最后修改标准柱的参数如图 13-29 所示，再采用"点选"方式在图 13-30 所示的位置插入两根标准柱。

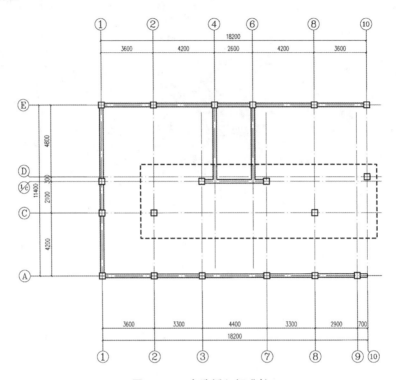

图 13-28　点选插入标准柱

图 13-29　修改【标准柱】参数

图 13-30　点选插入新的标准柱

### 13.5.2　柱子高度修改

前面绘制的柱子,其高度都是采取默认的 3000 mm,但是本例中首层柱子位于外墙上的,柱高为 4650 mm,柱底标高为－450 mm;其余位于建筑内部的柱子高度为 4 200 mm,底标高为 0。所以接下来要采取与修改墙高度类似的方法来修改柱子高度,不同的是选择多根柱子的技巧需要用到天正的【对象选择】命令。

天正屏幕菜单【工具】→【对象选择】,或直接在命令行输入快捷命令【DXXZ】。弹出【匹配选项】对话框,设置参数如图 13-31 所示。

**图 13-31　【匹配选项】对话框**

然后根据命令行的提示操作如下:

请选择一个参考图元或[恢复上次选择(2)]＜退出＞:

　　　　　　(在图纸上点击在外墙上的任意某个柱子)

提示:空选即为全选,中断用 ESC!

选择对象:指定对角点:找到 6 个

选择对象:指定对角点:找到 4 个(1 个重复),总计 9 个　　(框选所有外墙区域)

选择对象:指定对角点:找到 7 个(1 个重复),总计 15 个

选择对象:　　　　　　　　　　　　　　　　　(空格键结束选择)

总共选中了 15 个,其中新选了 15 个　　　　(所有位于外墙区域的柱子被选到)

确保位于外墙上的柱子处于被选择状态,点击天正屏幕菜单【墙体】→【墙体工具】→【改高度】,或直接在命令行输入快捷命令【GGD】,然后按照命令行对外墙上的柱子修改高度和底标高,操作过程如下:

新的高度＜3000＞:4650　　　　　　　　　　(指定柱子新高度为 4650)

新的标高＜0＞:－450　　　　　　　　　(指定柱子新的底标高为－450)

采取相同的方法,对位于建筑平面图内部的柱子进行高度和底标高的修改。修改后的内部柱子新高度为 4200,底标高不变,仍然为 0。

说明:其实可以一开始就把柱子的高度在面板中设置好。本例是为了讲解调整柱子高度的方法,才没有在一开始设置好柱子的高度。

### 13.5.3　柱齐墙边

接下来需要对外墙上的柱子进行微量移位,使位于外墙上的柱子外边线和外墙外边线平齐。

天正屏幕菜单【轴网柱子】→【柱齐墙边】,或直接在命令行输入快捷命令【ZQQB】。操作过程如下:

请点取墙边＜退出＞:　　　　　　　　　(点击如图 13-32(a)所示墙的外边线)

选择对齐方式相同的多个柱子＜退出＞:指定对角点:找到 4 个

　　　　　　　　　　　　　　(框选如图 13-32(b)所示外墙区域)

选择对齐方式相同的多个柱子＜退出＞:　　　　　　(空格键结束柱子选择)

请点取柱边＜退出＞：　　　　　　　　　　　　　　（点击如图 13-32(c)所示的柱边）

请点取墙边＜退出＞：＊取消＊　　　　　　　　　（空格键结束。操作结果如图 13-32(d)所示）

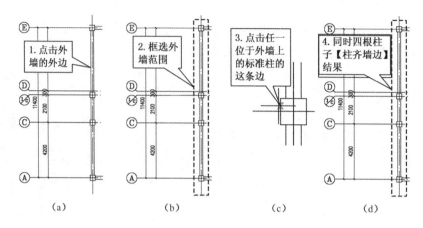

（a）　　　　　　（b）　　　　　　（c）　　　　　　（d）

图 13-32 【柱齐墙边】操作过程

采取相同的方法，对外墙上的其余柱子进行【柱齐墙边】操作，最后结果如图 13-33 所示。

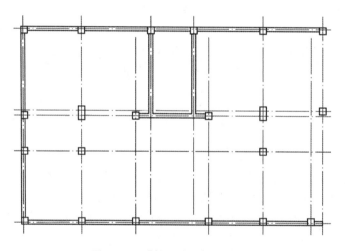

图 13-33 【柱齐墙边】操作结果

### 13.5.4　三维模型显示

使用天正建筑绘制建筑施工平面图时，虽然画的是二维，但一些对象如墙、柱子的三维数据（高度，标高）也有输入，因此实际上天正建筑的二维和三维是同步的。

要想看到三维图形，可以在屏幕空白处点击右键，然后在出现的右键快捷菜单上选择【视图设置】，其子菜单里有多种查看三维视图的模式选择，如图 13-34 所示。

此外，CAD 2007 以上的版本，按住【Shift】键不放，同时按住鼠标滚轮不放并拖动鼠标，也可以直接进入【动态观察】模式。本例【视图设置】→【西南轴测】，显示结果如图 13-35 所示。

如果觉得显示的线框不好看,在绘图区域空白处点击右键,在出现的右键快捷菜单上选择【视觉样式】,其下拉子菜单中有多种视觉样式,如图 13-36 所示。本例采取【视觉样式】→【消隐】模式后显示结果如图 13-37 所示。

 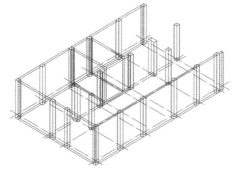 

图 13-34 【视图设置】子菜单　　　图 13-35 首层西南轴测图　　　图 13-36 视觉样式子菜单

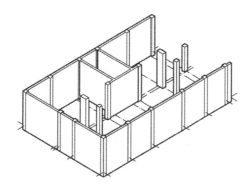

图 13-37 【消隐】模式下的西南轴测图

如果要回到二维平面图,可以在空白处点右键,在出现的右键快捷菜单上,选择【视图设置】→【平面图】。

## 13.6 门窗的插入与修改

天正建筑里的门窗绘制,是以天正建筑自定义的对象形式插入到已绘制的墙体上,所以在插入门窗前必须把墙绘制好。但在绘制墙体时,不用考虑在墙上预留门窗洞口。正因为这一点,大大提高了建筑平面图的绘图速度。

### 13.6.1 门窗对话框概述

天正屏幕菜单【门窗】→【门窗】,或直接在命令行输入快捷命令【MC】后均能弹出【门窗】参数对话框。

该对话框实际包含了"门""窗""门连窗""子母门""弧窗""凸窗"和"洞"七种对象,以及插入对象时可以选择的各种插入方式(如图 13-38(a)所示)。点击门窗参数对话框右下角对应的按钮,可以切换不同对象,如图 13-38(b)所示。每切换一种对象,对话框相关参数也跟着发生变化,但是各种对象可供选择的插入方式是一样的。

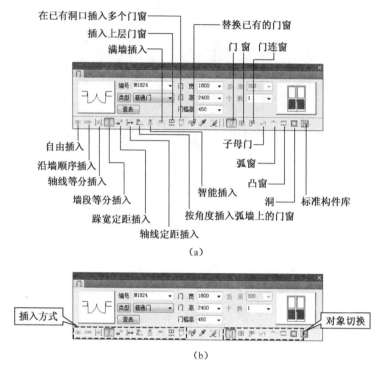

图 13-38 【门窗】对话框

门窗对话框的左下方有多种插入方式,从左到右依次是"自由插入""沿墙顺序插入""轴线等分插入""墙段等分插入""垛宽定距插入""轴线定距插入""按角度定位插入弧墙上的窗""智能插入:根据鼠标位置居中或定距插入""满墙插入""插入上层门窗"和"在已有洞口插入多个门窗"等。

其中常用的四种是:

▣:轴线等分 }
▣:墙段等分 } 等分方式插入门窗

▣:垛宽定距 }
▣:轴线定距 } 指定距离方式插入门窗

说明:

(1) 等分插入门窗:在插入门窗时,"轴线等分"和"墙段等分",有时插入效果一样,有时不一样。

例子:"轴线等分"和"墙段等分"插入门窗的区别如图 13-39 所示。

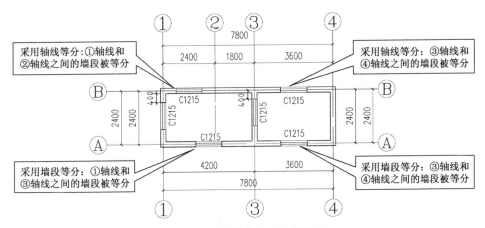

图 13-39　轴线等分和墙段等分

（2）指定距离方式插入门窗：

踩宽距离：门窗对象边缘与最近的墙边线的距离。

轴线距离：门窗对象边缘与最近的轴线距离。

例子："踩宽定距"和"轴线定距"插入门窗的区别如图 13-40 所示。

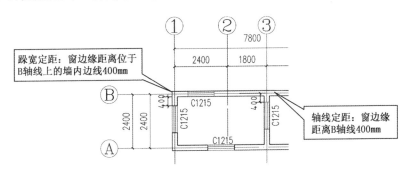

图 13-40　踩宽定距和轴线定距

## 13.6.2　首层平面图门窗的插入

本例首层平面图 4 轴线、6 轴线和 E 轴线之间的墙段上采用"墙段等分"或"轴线等分"方式插入一扇双开门。注意：此处两种插入方式结果一样。

该双开门的编号为 M1824，按照图 13-41 设置其各参数，插入后的效果如图 13-44 中"1"所示。

图 13-41　M1824 对话框设置

说明:编号 M1824 代表:门宽 1800 mm,门高 2400 mm。本例中后面类似的编号如 C0910 代表窗宽 900 mm,窗高 1000 mm。这种类型的门窗编号一共有四位数字,前两位代表对象的宽度,后两位代表对象的高度。国家规范规定:门窗尺寸以 100 为基本模数,故门窗编号的宽度和高度数据省去了最后两个 0。

在位于 E 轴线的墙段上插入四扇编号为 GC1209 的高窗。高窗的参数按照图 13-42 所示进行设置,插入位置如图 13-44 中"2"所示。

**图 13-42　GC1209 对话框参数设置**

注意:高窗的平面表达样式和普通窗不同,其内部是两根虚线,而在门窗对话框上的平面图预览库里没有这种样式,解决方法是把对话框中部的"高窗"打上勾。

在位于 A 轴线的墙段上插入五扇卷帘门,编号分别是 JLM 3040、JLM 2540、JLM 3940 和 JLM 2440。以 JLM 3040 为例设置门窗参数对话框,如图 13-43 所示。各扇卷帘门的插入位置如图 13-44 中"3"所示。

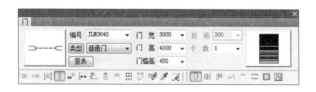

**图 13-43　JLM 3040 对话框参数设置**

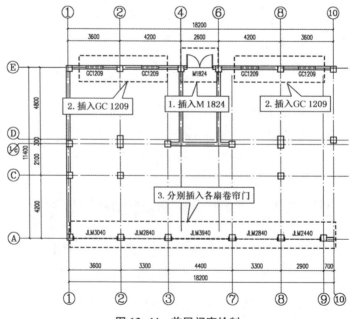

**图 13-44　首层门窗绘制**

## 13.7 楼梯绘制

天正建筑中有多种楼梯形式可以选择，如直线梯段、圆弧梯段、双跑楼梯、多跑楼梯、双分平行、双分转角、双分三跑、交叉楼梯、剪刀楼梯、三角楼梯、矩形转角等，本例中仅介绍直线梯段和双跑楼梯两种楼梯形式的绘制。

### 13.7.1 直线梯段

1）添加辅助轴线

本例首层楼层高 4200 mm。该层楼的楼梯由一段总高度为 1200 mm、底标高为 0 的直线梯段和一总高度为 3000 mm、底标高为 1200 mm 的双跑楼梯组成。为了方便将直线梯段和双跑楼梯对齐，在绘制直线梯段前先将 1/C 轴线往 E 轴线方向偏移 1620 mm，得到第一根辅助线；再将 6 轴线往左边偏移 1300 mm，得到第二根辅助线。两根辅助线的位置如图13-45 所示。

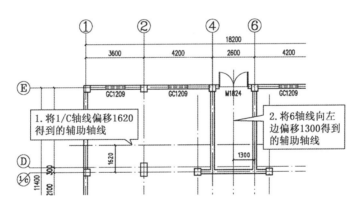

图 13-45　添加两根辅助轴线

2）直线梯段

天正屏幕菜单【楼梯其他】→【直线梯段】，或直接在命令行输入快捷命令【ZXTD】，弹出【直线梯段】对话框。按照图 13-46 设置【直线梯段】对话框各参数。

图 13-46　【直线梯段】对话框

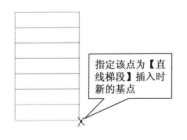

图 13-47　指定【直线梯段】新基点

对话框设置完毕,准备插入直线梯段前,注意命令行提示:

点取位置或[转90度(A)/左右翻(S)/上下翻(D)/对齐(F)/改转角(R)/改基点(T)]<退出>:

本例这里先选择"上下翻(D)",再选择"改基点(T)",捕捉如图13-47所示的基点,最后插入直线梯段,结果如图13-48所示。

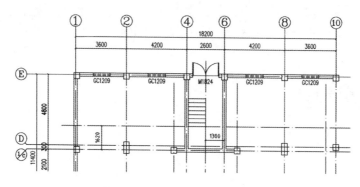

图13-48 【直线梯段】插入效果

说明:这里之所以在插入直线梯段时要"上下翻",是考虑到三维中的效果。如果操作时没有选择"上下翻",三维效果如图13-49(a)所示;而选择了"上下翻"后,三维效果如图13-49(b)所示。

当然,在实际绘图时,若没有建模要求,只考虑二维效果,则不选择"上下翻"也没有关系。但这里从有利于后期剖面图生成后减少改动的角度出发,推荐进行一次"上下翻"。

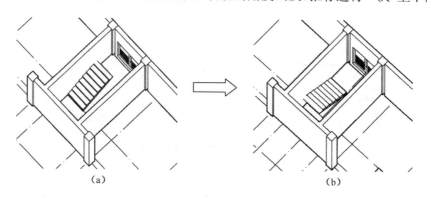

(a)                                    (b)

图13-49 直线梯段【上下翻转】

接下来给直线梯段加上一段扶手。右键点击直线梯段,在出现的右键快捷菜单上选择【加扶手】,然后按照命令行操作如下:

请选择梯段或作为路径的曲线(线/弧/圆/多段线):

(选择直线梯段,如图13-50(b)所示)

扶手宽度<60>:
扶手顶面高度<900>:   } (这几项都采用默认的数据)
扶手距边<0>:

添加扶手的过程和效果如图13-50所示。

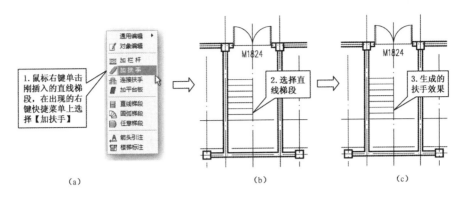

(a)　　　　　　　　　　(b)　　　　　　　　　　(c)

**图 13-50　添加扶手**

### 13.7.2　双跑楼梯

双跑楼梯是最常见的楼梯形式,由两跑直线梯段、一个休息平台(中间休息平台)、一个或两个扶手和一组或两组栏杆构成天正建筑自定义对象,具有二维视图和三维视图。天正建筑自动生成的双跑楼梯可分解(快捷命令:X)为基本构件即直线梯段、平板和扶手栏杆等;自动生成的楼梯方向箭头线属于楼梯对象的一部分,方便随着剖切位置改变自动更新位置和形式。

天正屏幕菜单【楼梯其他】→【双跑楼梯】,或在命令行输入快捷命令【SPLT】,弹出【双跑楼梯】对话框。按照图 13-51 设置好楼梯参数。

**图 13-51　【双跑楼梯】对话框设置**

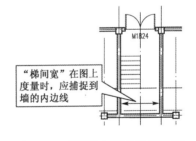

**图 13-52　"梯间宽"距离直接度量**

说明:

(1)在双跑楼梯对话框中:"楼梯高度""踏步总数"及"踏步高度"三项具有关联性,修改其中任意项,其余两项跟着发生变化。

(2)对话框里的"梯间宽"="梯段宽"×2+"井宽"。点击"梯间宽"或"梯段宽"按钮后,都可以直接在图中度量得到相应的数据。需要注意的是:"梯间宽"距离如果采用直接在图上度量时,应该点取楼梯间墙体的内边线,如图 13-52 所示,而不应度量到墙体内部去。

(3)"踏步取齐"适用于不等跑楼梯,用于决定第二跑的起步位置。

(4)本例中为了方便和直线梯段对齐,在插入双跑楼梯时,需要修改插入时的基点,新基点的选取位置如图 13-53 所示。

（5）从图 13-54 可见，双跑楼梯和直线梯段的扶手不平齐。可以对直线梯段的扶手进行夹点拖动，使之与双跑楼梯自动生成的扶手平齐。进行夹点拖动前为了方便定位，可以先画一条辅助线，如图 13-55 所示，夹点拖动结束后删除该辅助线。夹点操作如图 13-56 所示。

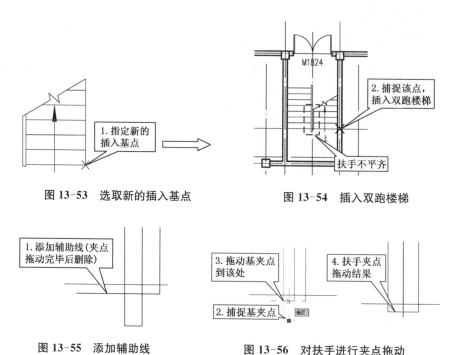

图 13-53　选取新的插入基点　　　　　图 13-54　插入双跑楼梯

图 13-55　添加辅助线　　　　　　　图 13-56　对扶手进行夹点拖动

## 13.8　台阶

### 13.8.1　添加两根标准柱

接下来要添补两根承受首层楼梯入口处雨篷重量的标准柱。为了方便定位，在插入柱子之前，需要把 E 轴线向上偏移得到一根新轴线，偏移的距离为 1800 mm，如图 13-58（a）所示。

柱子的参数按照图 13-57 进行设置。新插入两根柱子后的首层楼梯入口处的效果如图 13-58（b）所示。

### 13.8.2　台阶

台阶的绘制方法有很多种，本例仅介绍采用【选择已有路径绘制】台阶的方法。这种方法需要先绘制出台阶的轮廓线，然后根据该

图 13-57　【标准柱】对话框参数设置

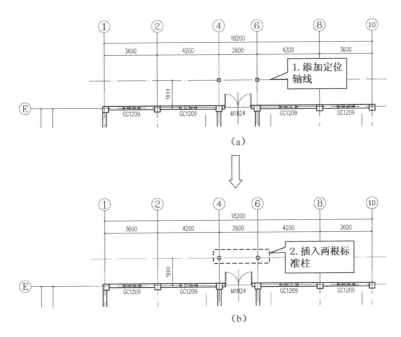

**图 13-58 添加两根标准柱**

轮廓线生成台阶。

注意:轮廓线最好直接使用多段线(PL)来绘制,若是用多条直线(L)或弧线(A)绘制,则需要用多段线编辑命令(PE)把这多条线段(直线和弧线)变成多段线,否则无法生成台阶。

本例先绘制位于上开间楼梯间入口处的台阶。首先用 PL 线绘制出台阶的路径,如图 13-59 所示。然后在天正屏幕菜单【楼梯其他】→【台阶】,或直接在命令行输入快捷命令【TJ】,弹出对话框。【台阶】对话框参数采用默认的设置,如图 13-60 所示。

接下来,按照命令行的提示操作如下:

请选择平台轮廓<退出>　　　　　　　　　　　　(选择用多段线绘制的轮廓线)

请选择邻接的墙(或门窗)和柱:指定对角点:找到 10 个

　　　　　　　　　　　　　　　　　　　(框选如图 13-61(a)所示的墙段)

请选择邻接的墙(或门窗)和柱:　　　　　　　　　　(空格键结束选择)

请点取没有踏步的边:　　　　　(不选择任何边,直接空格键结束选择)

请选择平台轮廓<退出>　　　　　　　　　　　　　(空格键结束选择)

生成的位于上开间楼梯间入口处的台阶如图 13-61 所示。

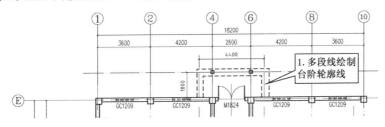

**图 13-59 多段线绘制台阶轮廓线**

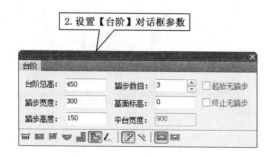

图 13-60 【台阶】对话框

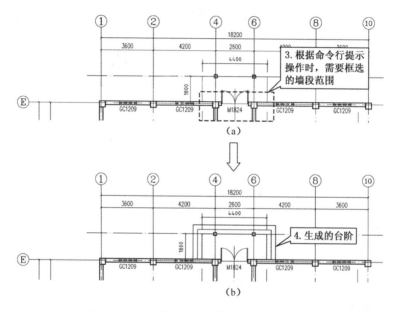

图 13-61 位于上开间楼梯间入口处的台阶

接下来绘制位于下开间的台阶,操作过程如下:

(1) 将 A 轴线往下方偏移得到一根辅助定位轴线,偏移距离 1200 mm,如图 13-62 所示。

(2) 用多段线(PL)绘制出台阶的轮廓线,如图 13-63 所示。

(3)【楼梯其他】→【台阶】,或直接在命令行输入快捷命令【TJ】,弹出【台阶】对话框。设置台阶参数如图 13-60 所示。

生成台阶的操作过程如图 13-62~图 13-66 所示。

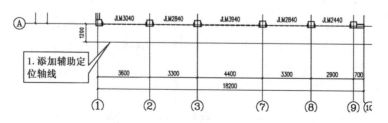

图 13-62 添加一根辅助定位轴线

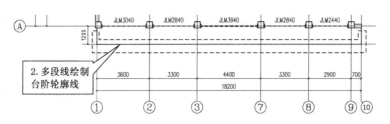

图 13-63　多段线绘制台阶轮廓线

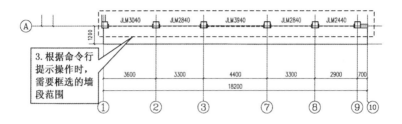

图 13-64　框选邻接的墙（或门窗）和柱

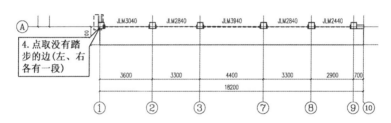

图 13-65　点取没有踏步的边

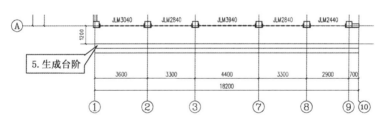

图 13-66　生成台阶

## 13.9　镜像处理

### 13.9.1　镜像

在命令行输入【MI】命令，对已绘制的首层平面图，以 10 轴线为镜像线，进行镜像处理。

镜像对象选择如图 13-67 所示,镜像处理后的结果如图 13-68 所示。

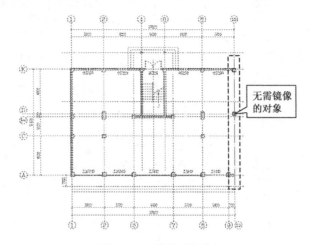

图 13-67　镜像对象选择

注意:10 轴线以及 10 轴线上的两根柱子都位于镜像线上,无须对它们进行镜像。故在镜像时,可以先框选已绘制的全部对象,然后按住【Shift】键的同时点选 10 轴线、10 轴线上的两根柱子,将这些对象排除在镜像对象之外。

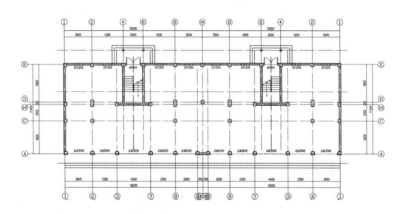

图 13-68　镜像结果

### 13.9.2　修改上、下开间轴号及两道尺寸线

1) 重新标注轴号和尺寸线

从图 13-68 可见,上、下开间的轴号在镜像后不符合制图规范的要求,所以删去上、下开间的轴号以及两道尺寸线,重新采用【轴网柱子】→【轴网标注】命令,对整个首层平面图上、下开间进行轴号和两道尺寸线的标注。标注后的结果如图 13-69 所示。

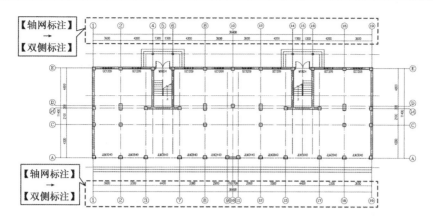

**图 13-69  重新对上、下开间进行【轴网标注】操作**

2）删除新生成的 5 轴号和 15 轴号

天正屏幕菜单【轴网柱子】→【删除轴号】，或直接在命令行输入快捷命令【SCZH】。根据命令行提示操作如下：

请框选轴号对象＜退出＞：              （框选 5 轴号，如图 13-70 所示）

请框选轴号对象＜退出＞：               （空格键结束选择）

是否重排轴号？［是（Y）/否（N）］＜Y＞：N         （选择不重排轴号）

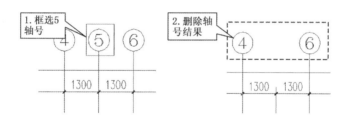

**图 13-70  删除 5 轴号**

采用同样的方法删除 15 轴号，如图 13-71 所示。

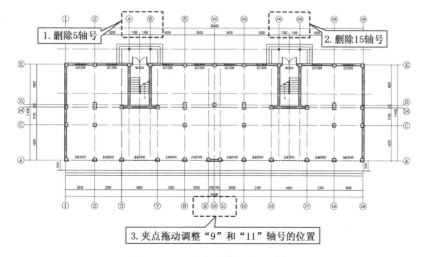

**图 13-71  删除 5 轴号和 15 轴号**

3) 尺寸线的修改

天正自动生成的尺寸标注是天正自定义对象,支持裁剪、延伸、打断等编辑命令,使用方法与 AutoCAD 尺寸对象相同。此外,天正软件本身还提供了尺寸编辑命令,相比 AutoCAD 的尺寸编辑操作,使用天正专用尺寸编辑命令修改天正自动生成的尺寸标注更为方便。天正屏幕菜单【尺寸标注】→【尺寸编辑】的子菜单里有多种尺寸编辑命令可供选择,如图 13-72 所示。

本例使用【合并区间】命令,合并上开间第二道尺寸线位于 4 轴号和 6 轴号之间的尺寸。

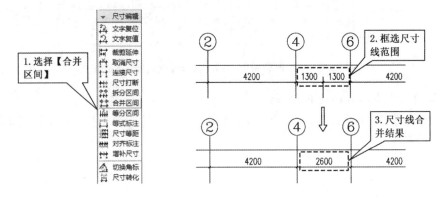

图 13-72 【尺寸编辑】子菜单    图 13-73 【合并区间】操作

采用相同的方法,将上开间第二道尺寸线位于 14 轴号和 16 轴号之间的尺寸进行合并,如图 13-74 所示。

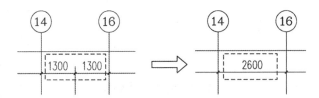

图 13-74 合并 14 轴号、16 轴号间的第二道尺寸线数据

### 13.9.3 楼梯修改

仔细观察镜像后得到的楼梯,会发现其实不应对楼梯进行镜像处理。故删去镜像得到的楼梯,采用 CAD 的【复制】方法将原楼梯间内的两种楼梯及扶手等对象复制到新的楼梯间里,如图 13-75 所示。

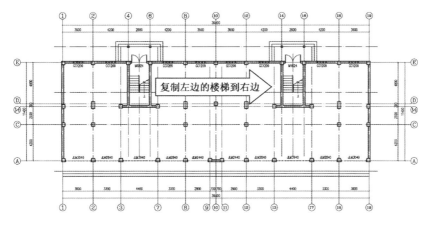

图 13-75　修改楼梯

# 13.10　尺寸、文字及符号标注

### 13.10.1　门窗标注

【门窗标注】命令适合标注建筑平面图的门窗尺寸,有两种使用方式:

(1) 在平面图中参照轴网标注的第一、二道尺寸线,自动标注直墙和圆弧墙上的门窗尺寸,生成第三道尺寸线;

(2) 在没有轴网标注的第一、二道尺寸线时,在用户选定的位置标注出门窗尺寸线。

本例采用第一种方法,即利用【门窗标注】生成第三道尺寸线。

下面先对上开间的外墙及外墙上的对象进行标注。天正屏幕菜单:【尺寸标注】→【门窗标注】,或直接在命令行输入快捷命令【MCBZ】,按照命令行提示操作如下:

请用线选第一、二道尺寸线及墙体!

起点〈退出〉:　　　　　　　　　　　　　　　　（起点点取位置如图 13-76 所示）

终点〈退出〉:（终点点取位置如图 13-76 所示。鼠标单击后,自动生成的第三道尺寸线如图 13-77 所示）

选择其他墙体:　　　　　　　　　　　　　　　（框选如图 13-77 所示的墙段）

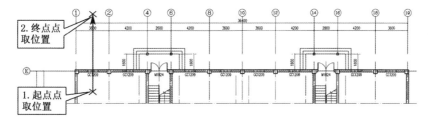

图 13-76　【门窗标注】起点和终点示例

选择其他墙体：                   （空格键结束选择）

生成的第三道尺寸线如图 13-78 所示。

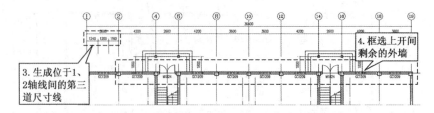

**图 13-77** 【门窗标注】操作提示中"选择其他墙体"框选的墙段范围

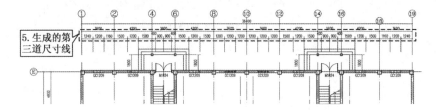

**图 13-78** 【门窗标注】生成的第三道尺寸线

采用类似方法对下开间的外墙及外墙上的对象进行标注,标注结果如图 13-79 所示。

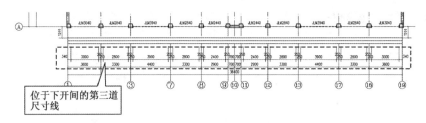

**图 13-79** 下开间【门窗标注】

说明:本例中左、右进深的外墙上无门窗对象,故可不进行第三道尺寸线的标注。

### 13.10.2 墙厚标注

【墙厚标注】:在图中一次标注两点连线经过的一至多段天正墙体对象的墙厚尺寸。标注中可识别墙体的方向,标注出与墙体正交的墙厚尺寸。在墙体内有轴线存在时标注以轴线划分的左右墙宽,墙体内没有轴线存在时标注墙体的总宽。

天正屏幕菜单:【尺寸标注】→【墙厚标注】,或直接在命令行输入快捷命令【QHBZ】,然后按照命令行提示操作如下:

直线第一点<退出>：           （第一点点击位置如图 13-80(a)所示）

直线第二点<退出>：           （第二点点击位置如图 13-80(b)所示）

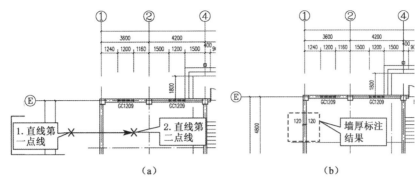

图 13-80 【墙厚标注】

### 13.10.3 文字标注

天正屏幕菜单【文字表格】→【单行文字】,或直接在命令行输入快捷命令【DHWZ】,弹出【单行文字】对话框,按照图 13-81进行参数设置。在首层建筑平面图适当位置插入文字,如图 13-82 所示。

图 13-81 【单行文字】对话框参数

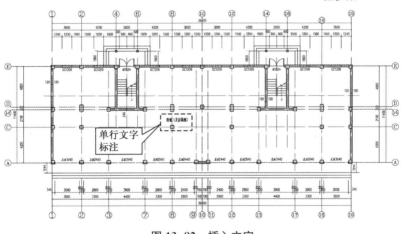

图 13-82 插入文字

### 13.10.4 符号标注

符号标注对象是天正建筑的另一种自定义对象,通过夹点拖动编辑、双击进入对象编辑,可以非常方便地修改符号。

1) 剖面剖切

利用天正建筑软件后期生成剖面图,必须事先在首层平面图上标注剖切符号。

天正屏幕菜单【符号标注】→【剖面剖切】,或直接在命令行输入快捷命令【PMPQ】。根据命令行操作如下:

请输入剖切编号<1>： （本例采用默认编号，直接按空格键）

点取第一个剖切点<退出>： （点击如图 13-83 所示的位置）

点取第二个剖切点<退出>： （点击如图 13-83 所示的位置）

点取下一个剖切点<结束>： （空格键结束）

点取剖视方向<当前>： （选取如图 13-83 所示的方向）

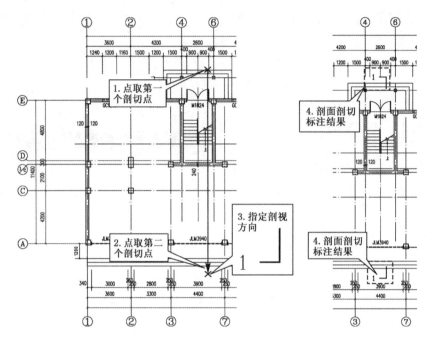

图 13-83 【剖面剖切】标注示例

2）标高标注

天正屏幕菜单【符号标注】→【标高标注】，或直接在命令行输入快捷命令【BGBZ】。弹出的对话框按照图 13-84 所示设置参数，标注结果如图 13-88 所示。

图 13-84 【标高标注】对话框参数设置

说明：

（1）标高标注分为"静态"和"动态"两种状态。这两种状态可通过天正屏幕菜单【符号标注】→【静态标注】/【动态标注】进行切换。标注平面图的标高时，应采用【静态标注】，这样复制、移动标高符号后数值保持不变（若需要修改，可以双击数值修改）。标注立面、剖面图的标高时，宜采用【动态标注】，这样当标高符号移动或复制后，标高数值会随标点位置动态取值。

（2）默认不勾选"手工输入"复选框，自动取光标所在的 Y 坐标作为标高数值，当勾选"手工输入"复选框时，要求在表格内输入楼层标高。

（3）【标高标注】对话框上面有五个可按下的图标按钮："实心三角"除了用于总图，也用于沉降点标高标注，其他几个按钮可以同时起作用，例如可注写带有"基线"和"引线"的标高符号。此时命令行会提示点取基线端点，也会提示点取引线位置。

（4）清空电子表格的内容，还可以标注用于测绘手工填写用的空白标高符号。

3）图名标注

天正屏幕菜单【符号标注】→【图名标注】，或直接在命令行输入快捷命令【TMBZ】。弹出的对话框按照图 13-85 所示设置参数，标注结果如图 13-88 所示。

图 13-85 【图名标注】

图 13-86 【插入图框】对话框参数设置

说明：

（1）在对话框中编辑好图名内容，选择合适的样式后，按命令行提示标注图名。图名和比例间距可以在【天正选项】命令中预设。已有的间距可在特性栏中修改"间距系数"进行调整，该系数为图名字高的倍数。

（2）双击图名标注对象进入对话框修改样式设置。双击图名文字或比例文字进入在位编辑修改文字。移动图名标注夹点设在对象中间，可以用捕捉对齐图形中心线获得良好效果。

4）指北针

天正屏幕菜单【符号标注】→【画指北针】，或直接在命令行输入快捷命令【HZBZ】。根据命令行提示操作如下：

指北针位置＜退出＞：

（在适当的位置点取指北针的插入点）

指北针方向＜90.0＞：

（采用默认的 90°，直接按空格键结束）

标注结果如图 13-88 所示。

5）图框插入

天正屏幕菜单【文件布图】→【插入图框】，或直接在命令行输入快捷命令【CRTK】。弹出的对话框按照图 13-86 所示设置参数，插入结果如图 13-88 所示。注意【插入图框】对话框上的"标准标题栏"，本例选择的是"通长横栏"，如图 13-87 所示。

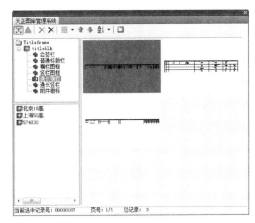

图 13-87 "标准标题栏"图库选择"通长横栏"

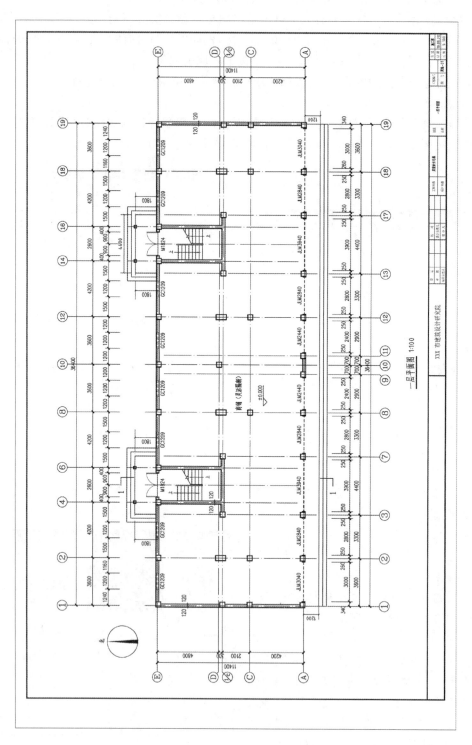

图 13-88 一层平面图

# 14 二～五层平面图绘制

本书介绍的某商业住宅楼,其二层平面是典型的单元房格局。一共两个单元,每个单元的格局是一梯两户。在绘制时可先绘制最左边的户型,然后采用两次镜像,并做适当修改,即得到全层平面图。

## 14.1 二层基本户型的轴网绘制

### 14.1.1 绘制轴网

天正屏幕菜单【轴网柱子】→【绘制轴网】,或直接在命令行输入快捷命令【HZZW】。在弹出的【绘制轴网】对话框上,一次性输完上、下开,左、右进的数据后点击对话框上的"确定"按钮。

二层平面图基本户型轴网数据:

上开:2400　1200　4200　2600

下开:2400　1200　3300　2200

左进:3000　1200　2100　300　4800

右进:尺寸同左进。

生成的轴网如图 14-1 所示。

说明:【绘制轴网】自动生成的轴线是实线,可以采用【轴改线型】将轴线变成点画线。

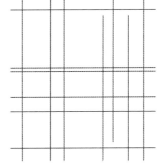

**图 14-1 【绘制轴网】**

### 14.1.2 两点轴标

天正屏幕菜单【轴网柱子】→【轴网标注】,或直接在命令行输入快捷命令【ZWBZ】。

在弹出的【轴网标注】对话框上选择"双侧标注",如图 14-2 所示,然后对上、下开间同时进行标注。按照命令提示行的提示操作如下:

请选择起始轴线　　　　　(点击图 14-3 所示的轴线)

请选择终止轴线　　　　　(点击图 14-3 所示的轴线)

左进深标注时,选择【轴网标注】对话框上的"单侧标注"。按照命令提示行的提示操作如下:

请选择起始轴线　　　　　(点击图 14-3 所示的轴线)

请选择终止轴线　　　　　（点击图14-3所示的轴线）

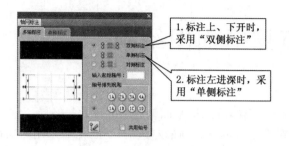

图14-2　【两点轴标】对话框

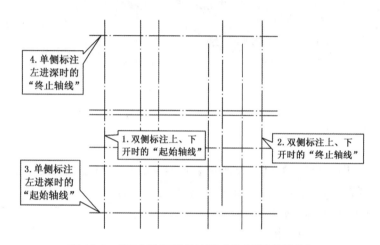

图14-3　【两点轴标】"起始"和"终止"轴线的选择

注意："双侧标注"选择轴线时，鼠标点击位置任意，只要在对应轴线上即可；"单侧标注"，本例因为只标注左进深，故选择轴线时，鼠标点击应该在对应轴线中间偏左的位置。

标注结果如图14-4所示。

### 14.1.3　轴号编辑

1）调整轴号位置

从图14-4可见D轴号和E轴号部分重叠。采用夹点拖动调整这两个轴号的位置如图14-5所示。

2）轴号编号修改

采用【在位编辑】方法，把"D"轴号修改为"1/C"、"E"轴号改为"D"，"F"轴号改为"E"，修改后如图14-5所示。

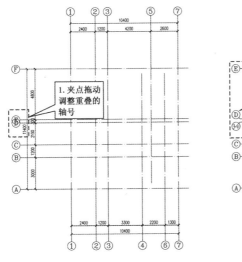

图 14-4 【两点轴标】结果

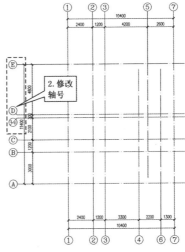

图 14-5 修改轴号

## 14.2 墙体的绘制

本例二层楼的各段墙体,厚度都为 240 mm。除去位于 E 轴线和 5、7 轴线之间的墙段高度有点特别外,其余的墙段高度都是 3000 mm。为了方便绘制,可以先统一按照墙高 3000 mm 绘制,然后在插入窗户时,再修改图 14-7 中虚线框出的墙段墙高。

天正屏幕菜单【墙体】→【绘制墙体】,或直接在命令行输入快捷命令【HZQT】。弹出的对话框参数设置如图 14-6 所示。

图 14-6 【绘制墙体】对话框

墙体绘制结果如图 14-7 所示。

说明:图 14-7 中虚线框出的墙段高度为 4500 mm,这里先按统一的层高 3000 mm 绘制,后期插窗时再修改墙高,以再一次练习修改墙高的操作。

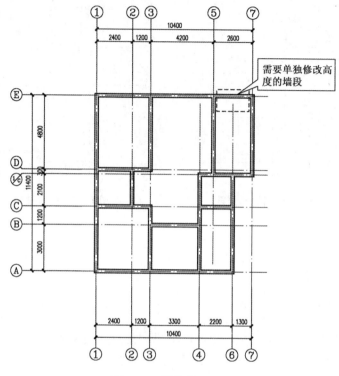

图 14-7 墙体绘制结果

# 14.3 门窗插入

## 14.3.1 门的插入

1) M1021、M0921 及 M0821

接下来分别插入 1 扇编号为 M1021、3 扇编号为 M0921 及 4 扇编号为 M0821 的门。

天正屏幕菜单【门窗】→【门窗】,或直接在命令行输入快捷命令【MC】。三种不同编号门的【门窗】对话框按照图 14-8 所示设置参数,各扇门的插入位置如图 14-9 所示。

说明:

(1) 编号“M1021”代表门宽 1000 mm、门高 2100 mm;编号“M0921”代表门宽 900 mm、门高 2100 mm;编号“M0821”代表门宽 800 mm、门高 2100 mm。

(2) 三种编号门的“门槛高”都设为 0。

（3）均选择"跺宽定距"的方式插入，"距离"为 60 mm。

（4）插入门时，若门的开启方向和图 14-9 所示不一致，可以在全部门插完后，利用天正屏幕菜单【门窗】→【左右翻转】或【内外翻转】进行调整。

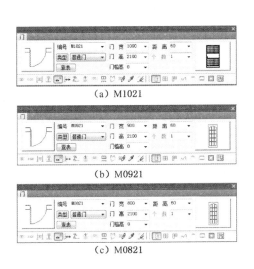

（a）M1021

（b）M0921

（c）M0821

图 14-8 【门窗】对话框参数设置

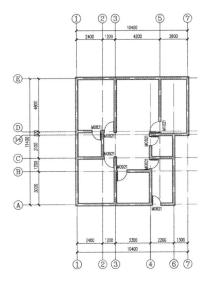

图 14-9 M1021、M0921、M0821 插入位置

2）TLM2427

在 E 轴线上，3 轴线与 5 轴线之间的墙段插入一扇推拉门，编号为 TLM2427。

天正屏幕菜单【门窗】→【门窗】，或直接在命令行输入快捷命令【MC】。【门窗】对话框参数按照图 14-10 所示进行设置，插入位置如图 14-11 所示。

图 14-10 TLM2427 对话框参数设置

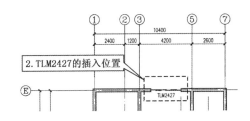

图 14-11 TLM2427 的插入位置

说明：

（1）编号"TLM2427"代表：推拉门，门宽为 2400 mm，门高为 2700 mm。

（2）该推拉门采用"墙段等分"方式插入。

3）MLC2524

在 A 轴线上，3 轴线与 4 轴线之间的墙段插入一扇"门连窗"，编号为 MLC2524。【门窗】对话框参数按照图 14-12 所示进行设置，插入位置如图 14-13 所示。

说明：

（1）编号"MLC2524"代表：门连窗，门和窗的总宽 2500 mm，门高 2400 mm。

（2）该门连窗采用"跺宽定距"方式插入，距离为 60 mm。

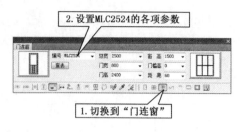

图 14-12　MLC2524 对话框参数设置

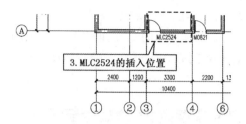

图 14-13　MLC2524 的插入位置

### 14.3.2　窗的插入

1）C0915

在 1 轴线上，C 轴线与 1/C 轴线之间的墙段上，以及 A 轴线上，4 轴线与 6 轴线之间的墙段上各插入一扇窗，编号为 C0915。【门窗】对话框参数按照图 14-14 所示进行设置，插入位置如图 14-15 所示。

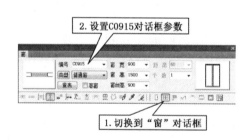

图 14-14　C0915 对话框参数设置

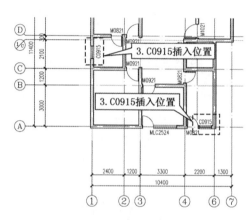

图 14-15　C0915 插入位置

说明：

(1) 编号 C0915：代表窗宽 900 mm，窗高 1500 mm。

(2) C0915 采用"墙段等分"方式插入。

2）GC0906

在 1/C 轴线上，5 轴线与 6 轴线之间的墙段插入一扇高窗，编号为 GC0906。

【门窗】对话框参数按照如图 14-16 所示进行设置，插入位置如图 14-17 所示。

说明：

(1) 编号"GC0906"代表：高窗，窗宽 900 mm，窗高 600 mm。

(2) 窗台高 1800 mm。

(3) GC0906 采用"轴线等分"方式插入。

(4) 对话框中部的"高窗"一定要勾选上，否则插入后不能显示出高窗的平面表达形式。

3）TC2415

在 A 轴线上，1 轴线与 2 轴线之间的墙段上，以及 E 轴线上，1 轴线与 2 轴线之间的墙段上分别插入一扇凸窗,编号为 TC2415。

图 14-16 GC0906 对话框参数设置

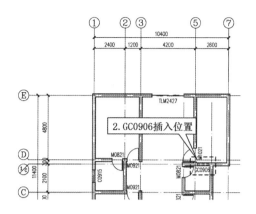

图 14-17 GC0906 插入位置

【凸窗】对话框参数按照如图 14-18 所示进行设置,插入位置如图 14-19 所示。

说明:

(1) 编号 TC2415 代表:凸窗,窗宽 2400 mm,窗高 1500 mm。

(2) 凸窗型式为矩形。

(3) 采用"墙段等分"方式插入。

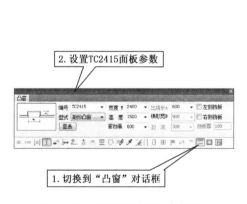

图 14-18 TC2415 对话框参数设置

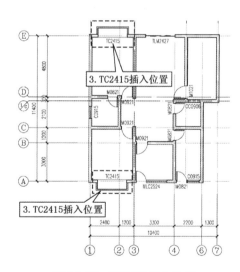

图 14-19 TC2415 插入位置

4) 跨层窗 C1215 的绘制

本例二层平面图 E 轴线上,5 轴线与 7 轴线之间的墙段上有一扇窗,窗的编号为 C1215,该窗在参数设置时有点特别。该窗下边沿到双跑楼梯休息平台的高度为 900 mm,而双跑楼梯休息平台到二层楼板的高度为 1500 mm,故这窗的窗台高应该为 900 mm+1500 mm=2400 mm。从编号 C1215 可知该窗本身窗宽为 1200 mm,窗高为 1500 mm。那么窗台高 2400 mm+窗本身高 1500 mm=3900 mm。而二层楼高度只有 3000 mm,所以在插入该窗前需要修改插入窗处的墙段高度。

（1）改墙高

天正屏幕菜单【墙体】→【墙体工具】→【改高度】，或直接在命令行输入快捷命令【GGD】。根据命令提示行操作过程如下：

请选择墙体、柱子或墙体造型：找到 1 个　　　　　　　　　（选择如图 14-20 所示的墙段）

请选择墙体、柱子或墙体造型：　　　　　　　　　　　（空格键结束墙体的选择）

新的高度＜3000＞：4500　　　　　　　　　　　　　　（修改墙高为 4500）

新的标高＜0＞：　　　　　　　　　　　　　　　　　　（标高不变，仍为 0）

是否维持窗墙底部间距不变？［是（Y）/否（N）］＜N＞：

　　　　　　　　　　　　　　　　（这里还没有插入窗，所以选"是"或"否"都可以）

修改高度后的墙段，三维效果如图 14-21 所示。

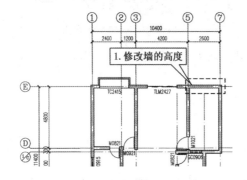

图 14-20　需要修改高度的墙段

图 14-21　墙体修改高度后的三维效果

（2）窗【C1215】参数设置和插入

编号为 C1215 的【门窗】对话框参数设置如图 14-22 所示，插入的位置如图 14-23，三维效果如图 14-24 所示。

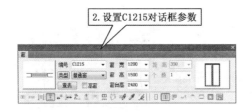

图 14-22　C1215 对话框参数设置

图 14-23　C1215 插入位置

图 14-24　C1215 三维效果

## 14.4 楼梯和阳台

### 14.4.1 双跑楼梯

天正屏幕菜单【楼梯其他】→【双跑楼梯】,或直接在命令行输入快捷命令【SPLT】。弹出的【双跑楼梯】对话框参数设置如图 14-25 所示,插入位置如图 14-26 所示。

图 14-25 【双跑楼梯】对话框参数设置

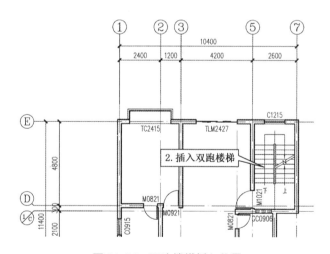

图 14-26 双跑楼梯插入位置

### 14.4.2 阳台

阳台的绘制方法和台阶的绘制方法类似。本例同样采用"选择已有路径生成"的方法生成阳台。接下来先绘制位于上开间 3 轴线和 5 轴线之间的阳台,绘制过程如下:

(1) 用多段线(PL)绘制阳台路径,如图 14-27 所示。

(2) 天正屏幕菜单【楼梯其他】→【阳台】,或直接在命令行输入快捷命令【YT】,弹出的

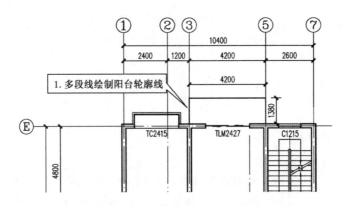

图 14-27　多段线绘制阳台轮廓线

对话框参数设置如图 14-28 所示。注意阳台的生成方式采用"选择已有路径生成"。然后根据命令提示行的提示操作如下：

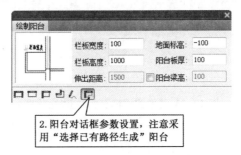

图 14-28　【阳台】对话框参数设置

选择一曲线(LINE/ARC/PLINE)＜退出＞：　　　　　(选择绘制的多段线,如图 14-29(a))
请选择邻接的墙(或门窗)和柱:指定对角点:找到 9 个
(框选如图 14-29(a)所示的墙体范围)
请选择邻接的墙(或门窗)和柱：　　　　　　　　　　(空格键结束墙体的选择)
请点取邻接墙的边：

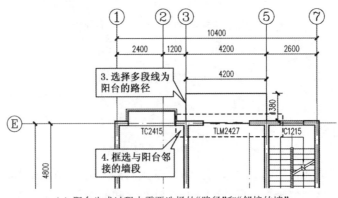

(a) 阳台生成过程中需要选择的"路径"和"邻接的墙"

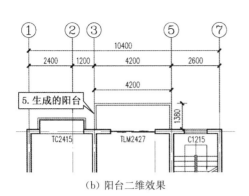

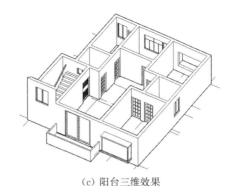

（b）阳台二维效果　　　　　　　　　　（c）阳台三维效果

**图 14-29　生成阳台的操作过程**

（这里不用选择，因为系统已经自动选择了，选到的墙边线用红色虚线表示）

选择一曲线（LINE/ARC/PLINE）＜退出＞：　　　　　　　　　（空格键结束）

生成阳台的二维和三维效果如图 14-29（b）（c）所示。

采用相同的方法在下开间创建一个阳台。不过在绘制阳台之前，需要先补一段墙，该段墙高 3000 mm、墙厚 240 mm，从 A 轴线和 6 轴线交点处伸出 1500 mm，绘制结果如图 14-30 所示。

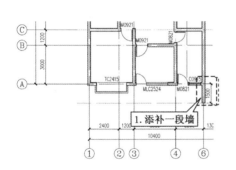

**图 14-30　添补墙体**

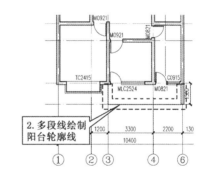

**图 14-31　多段线绘制的阳台轮廓线**

位于下开间的阳台轮廓线如图 14-31 所示。使用【阳台】命令，采用"选择已有路径生成"方式创建的阳台二维及三维效果如图 14-32 所示。

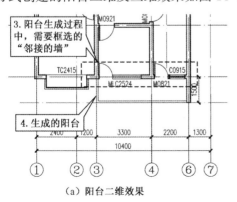

（a）阳台二维效果

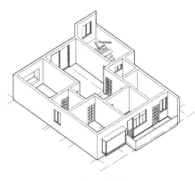

（b）阳台三维效果

**图 14-32　位于下开间的阳台**

## 14.5　雨篷

在本例的楼梯间入口处有个雨篷。该雨篷若不考虑建模需要,可以直接在二维图上用矩形命令(REC)绘制出其平面轮廓。下面介绍的是另一种相对复杂的方法——使用【路径曲面】建模的方法。操作过程如下:

(1) 用多段线命令(PL)绘制出一条长 2600 mm 的直线作为"路径",如图 14-33(a)所示。

(2) 采用多段线命令(PL)绘制出雨篷的"截面",其尺寸如图 14-33(b)所示。

注意:这里的"路径"和"截面"都必须采用多段线绘制,否则无法生成对象。

(3) 天正屏幕菜单【三维建模】→【造型对象】→【路径曲面】,或直接输入快捷命令【LJQM】,弹出【路径曲面】对话框,如图 14-34 所示。

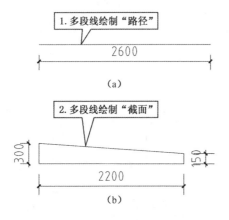

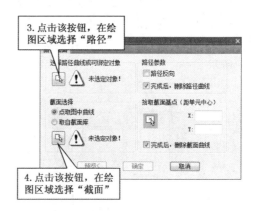

**图 14-33　多段线绘制的路径和雨篷**　　　　**图 14-34　【路径曲面】对话框**

(4) 点击对话框左上方的"选择路径曲线或可绑定对象"按钮。对话框消失,在绘图区域选择前面用多段线绘制的"路径"后对话框又出现。

(5) 点击对话框左下方的"截面选择"按钮。对话框消失,在绘图区域选择前面用多段线绘制的"截面"后对话框又出现,如图 14-35 所示。

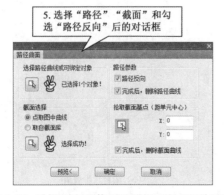

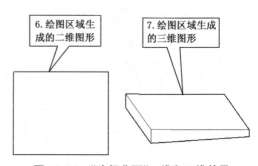

**图 14-35　选择"路径""截面"和"路径反向"后的对话框**　　　**图 14-36　"路径曲面"二维和三维效果**

（6）点击对话框上的"确定"按钮。生成的雨篷二维和三维效果如图 14-36 所示。
（7）使用移动命令（M）把生成的雨篷对象移动到图 14-37 所示的位置。

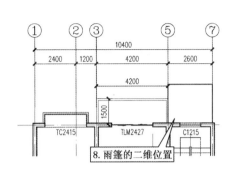

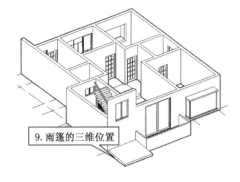

图 14-37  雨篷的位置     图 14-38  雨篷三维效果

从图 14-37 所示可见，二维图形雨篷对象就是一个矩形（该矩形的尺寸：长 2600 mm，宽 2200 mm）。为了美化二维雨篷平面图，可以在矩形框内使用填充命令（H）。然后在雨篷的二维矩形框中，填充适宜的图案。示例中填充材料选择的是"其他预定义"里的"PLAST"图案，如图 14-39 所示。雨篷二维平面图填充后的效果如图 14-40 所示。

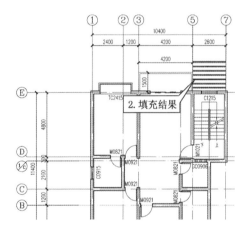

图 14-39  【填充】对话框参数设置     图 14-40  雨篷二维平面图填充效果

## 14.6  文字标注

接下来对各房间用途进行文字标注。

天正屏幕菜单【文字表格】→【单行文字】，或直接在命令行输入快捷命令【DHWZ】。

【单行文字】对话框设置如图 14-41 所示，文字标注结果如图 14-42 所示。

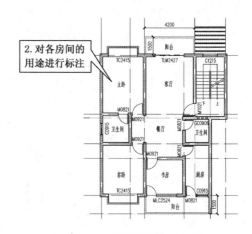

图 14-41 【单行文字】对话框

图 14-42 房间用途标注效果

# 14.7 镜像

接下来做两次镜像(MI),并对镜像结果做适当的修改,以得到整个二层平面图。

## 14.7.1 第一次镜像

第一次镜像操作,选择图 14-43 中虚线显示的对象作为镜像对象,并以6轴线为镜像线。

说明:

(1) 选择镜像对象过程中,可以随时按住【Shift】键并点击某对象,去除无须镜像的对象。

(2) 图 14-43 所示的镜像对象包含了上、下开间的轴号和两道尺寸线,其实可不选它们。因为这些轴号和尺寸线在经过两次镜像操作后将不符合制图规范,需要删除后再重新使用"轴网标注"命令生成。本例为了方便讲解,对这些轴号和尺寸线进行了镜像。

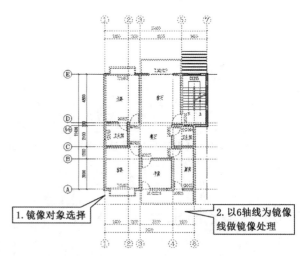

图 14-43 第一次镜像对象

(3) 镜像过程中会提示"发现重合的墙体",如图 14-44 所示。本例中选择"删除墙 A"或"删除墙 B"都可以。

第一次镜像结果如图 14-45 所示。

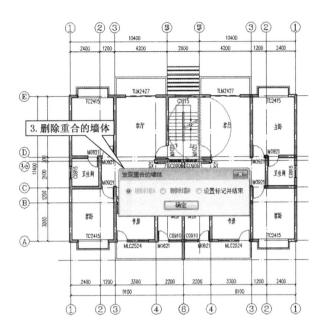

图 14-44 删除重合的墙体

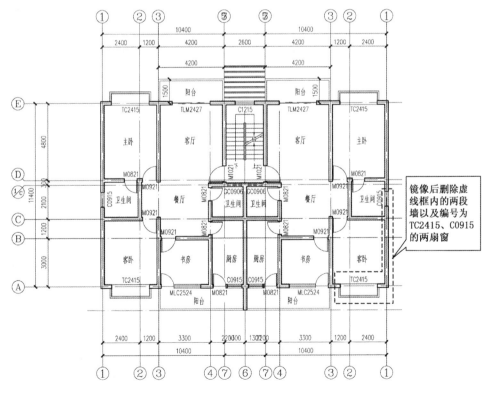

图 14-45 第一次镜像结果

### 14.7.2　镜像结果修改

（1）删除图 14-45 所示的两段墙及编号为 TC2415、C0915 的两扇窗。然后把最右边、暂时标注为 1 轴号的轴线往左边偏移得到一根新的轴线，偏移距离为 700 mm。偏移结果如图 14-46 所示。

（2）绘制墙体，墙高 3000 mm、墙厚 240 mm。墙体绘制结果如图 14-47 所示。

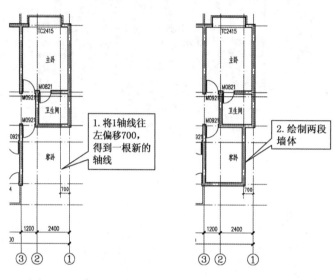

图 14-46　偏移新轴线　　　　图 14-47　绘制新墙体

（3）使用"墙段等分"方式，插入一扇编号为 TC2115 的凸窗。【凸窗】对话框参数设置如图 14-48 所示，插入位置如图 14-50 所示。

（4）使用"墙段等分"方式，插入一扇编号为 C0415 的窗。【窗】对话框参数设置如图 14-49 所示，插入位置如图 14-51 所示。

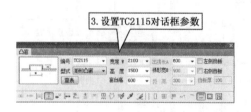

图 14-48　TC2115 对话框参数设置

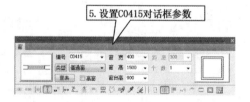

图 14-49　C0415 对话框参数设置

### 14.7.3　第二次镜像

第二次镜像操作，选择图 14-52 中虚线显示的对象作为镜像对象，以最右边、暂时标注为 1 轴线为镜像线，进行镜像处理。镜像结果如图 14-53 所示。

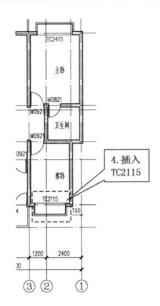

图 14-50 TC2115 插入位置

图 14-51 C0415 插入位置

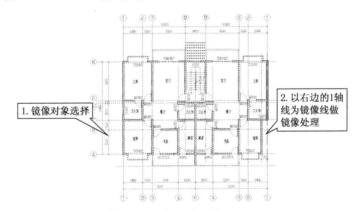

图 14-52 第二次镜像的对象

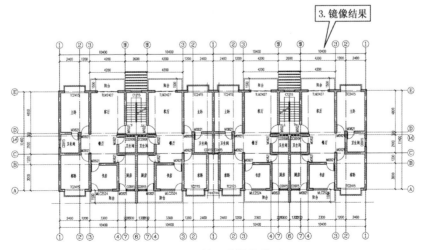

图 14-53 第二次镜像结果

### 14.7.4 对开间的轴号和两道尺寸线重新生成及编辑

从图 14-53 可见第二次镜像后上、下开间的轴号不符合制图要求，故删除上、下开间的轴号以及两道尺寸线，重新对上、下开间进行【轴网标注】操作。然后对新生成的上、下开间的个别轴号和尺寸线修改，最终结果如图 14-54 所示。

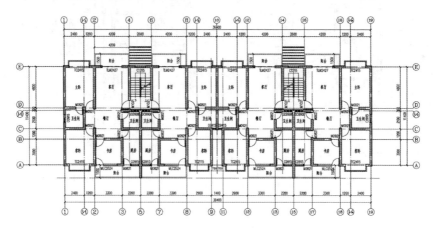

**图 14-54 上、下开间"轴网标注"及轴号修改结果**

### 14.7.5 楼梯修改

删除镜像得到的楼梯，然后复制原楼梯到新的楼梯间，如图 14-55 所示。

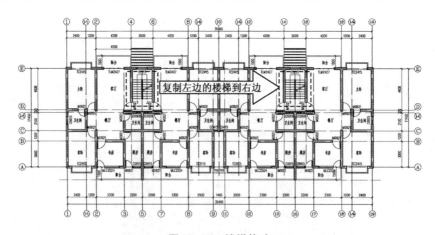

**图 14-55 楼梯修改**

## 14.8 尺寸、符号及图框标注

### 14.8.1 尺寸线标注

1）第三道尺寸线的标注

天正屏幕菜单【尺寸标注】→【门窗标注】，或直接在命令行输入快捷命令【MCBZ】。按照 13.10.1 中介绍的操作方法，对二层平面图的上、下开，左、右进深进行【门窗标注】，得到第三道尺寸线。标注结果如图 14-59 所示。

2）墙厚标注

天正屏幕菜单【尺寸标注】→【墙厚标注】，或直接在命令行输入快捷命令【QHBZ】。按照 13.10.2 中介绍的操作方法，对二层平面图的部分墙体（最左边的独立户型）进行墙厚标注。标注结果如图 14-59 所示。

3）标高标注

天正屏幕菜单【符号标注】→【标高标注】，或直接在命令行输入快捷命令【BGBZ】。
弹出的对话框参数设置如图 14-56 所示，标注结果如图 14-59 所示。

**图 14-56** 【标高标注】对话框参数设置

**图 14-57** 【图名标注】对话框参数设置

4）图名标注

天正屏幕菜单【符号标注】→【图名标注】，或直接在命令行输入快捷命令【TMBZ】。弹出的对话框参数设置如图 14-57 所示，标注结果如图 14-59 所示。

**图 14-58** 【图框标注】对话框参数设置

5）插入图框

天正屏幕菜单【文件布图】→【插入图框】，或直接在命令行输入快捷命令【CRTK】。弹出的对话框参数设置如图 14-58 所示，插入结果如图 14-59 所示。

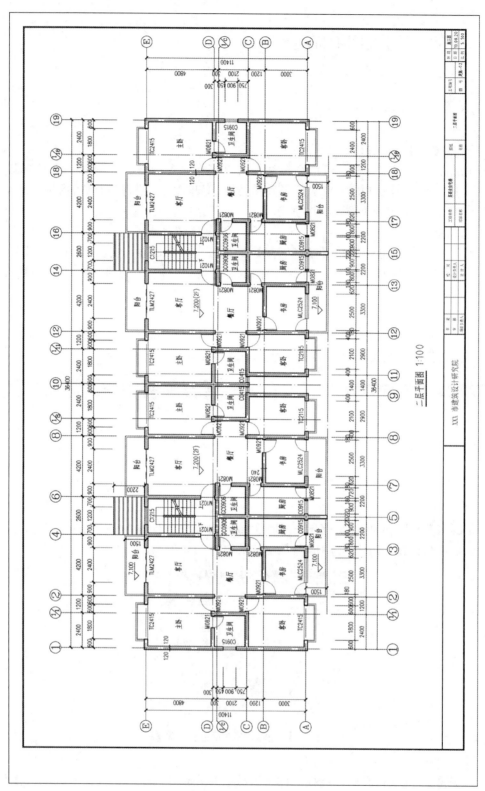

二层平面图 1:100

**图 14-59 二层平面图**

## 14.9 三～四层平面图

三～四层平面图可以直接复制二层平面图,然后对个别细节做修改即可得到。

### 14.9.1 删除两个雨篷

本例的雨篷只在二层平面图上才有,故删去两个雨篷,如图 14-60 所示。

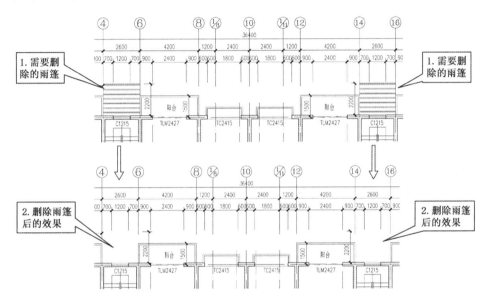

图 14-60 删除两个雨篷

### 14.9.2 修改墙高和底标高

将图 14-61 虚线框中的墙段高度改为 3000 mm,底标高改为 1500 mm。修改过程如图 14-61 所示。

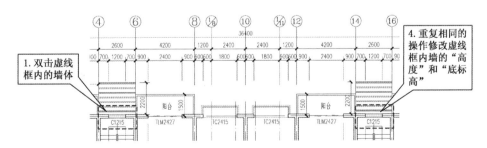

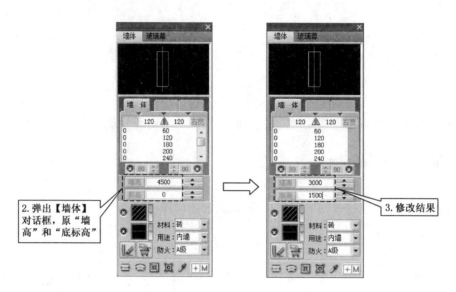

图 14-61　修改"墙高"和"底标高"

说明：墙高和墙底标高的修改是为了减少后期生成立面、剖面等图时的修改工作量，故改动效果只在三维上可以见，二维上并没有变化。

### 14.9.3　窗 C1215 修改编辑

编号为 C1215 的窗户，在原二层平面图插入时"窗台高"设为 2400 mm；而在三、四层平面图上则应改为 900 mm。修改过程如图 14-62 所示。

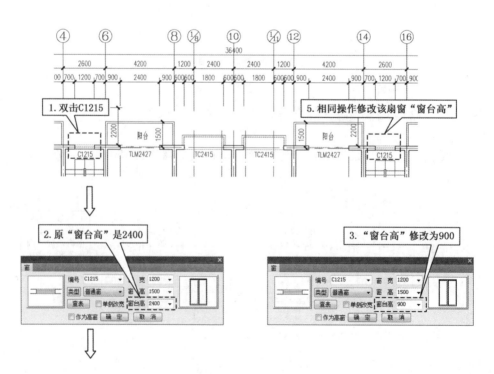

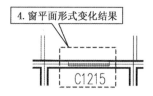

图 14-62　修改 C1215 的窗台高

修改"窗台高"后的 C1215 平面表现形式不符合制图要求。分析原因,发现该处墙底标高 1500 mm,故需要将窗 C1215 沿 Z 轴竖向移位 1500 mm。操作流程如图 14-63 所示。

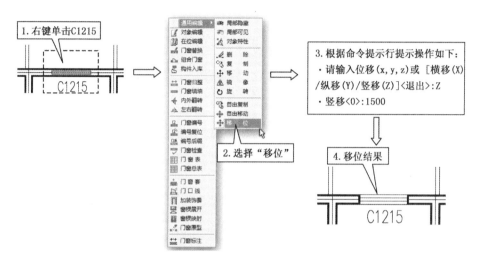

图 14-63　C1215 竖向移位

## 14.9.4　修改标高

删除原有的标高,重新进行标高标注。

天正屏幕菜单【符号标注】→【标高标注】,或直接在命令行输入快捷命令【BGBZ】。操作流程如图 14-64 所示。

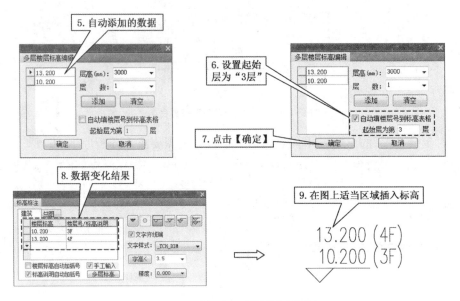

**图 14-64 【标高标注】设置流程图**

### 14.9.5 修改图名

采用在位编辑的方法修改图名。操作流程如图 14-65 所示。

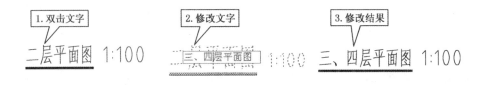

**图 14-65 修改图名**

三～四层平面图绘制结果如图 14-66 所示。

## 14.10 五层平面图

直接复制已经完成的三、四层平面图,然后对个别细节做修改即可得到五层平面图。

### 14.10.1 双跑楼梯编辑

双击双跑楼梯,修改双跑楼梯对话框上的楼层为"顶层",如图 14-67 所示。

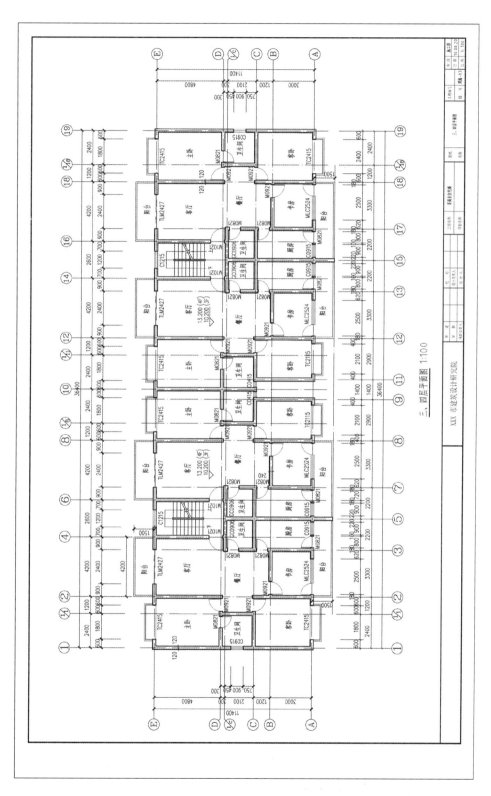

三、四层平面图 1:100

**图14-66 三～四层平面图**

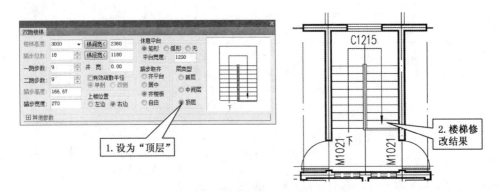

图 14-67　修改五楼双跑楼梯的层类型为"顶层"

## 14.10.2　删除窗 C1215

顶楼楼梯间处的墙段上没有窗 C1215,故删去两扇窗 C1215。如图 14-68 所示。

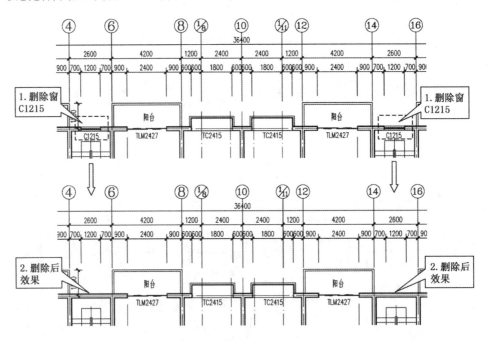

图 14-68　删除窗 C1215

## 14.10.3　修改墙高

将图 14-68 虚线框中的墙段高度改为 1500,修改过程如图 14-69 所示。

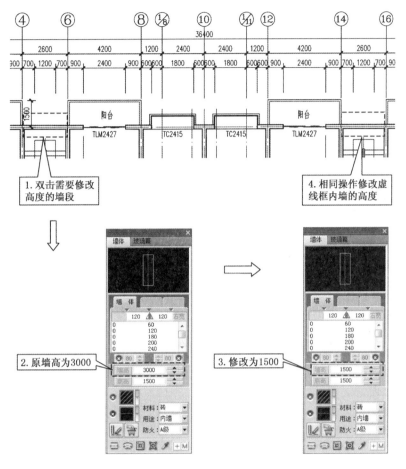

图 14-69　修改墙高

说明:对墙段的高度进行修改,施工平面图上并无变化,但对后期生成立面和剖面有影响。

### 14.10.4　标高和图名的修改

采用前面介绍过的相关知识,①修改标高:将五层楼的标高设为"16.200";②修改图名:将"三、四层平面图 1∶100"改为"五层平面图 1∶100"。

最后得到的五层平面图如图 14-70 所示。

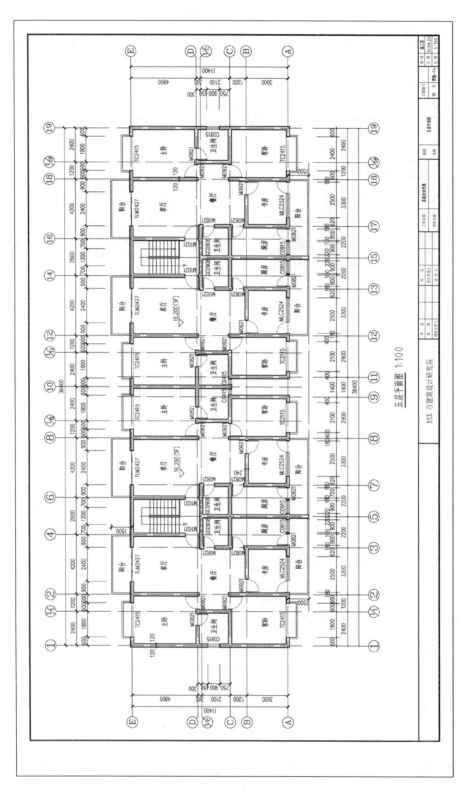

图 14-70　五层平面图

# 15　绘制屋顶平面图

屋顶是房屋建筑的重要组成部分,其作用有三点:一是隔绝风霜雨雪、阳光辐射,为室内创造良好的生活空间;二是承受和传递屋顶上各种负载,对房屋起着支撑作用,是房屋的主要水平构件;三是屋顶的形状、颜色对建筑艺术有着很大的影响,也是建筑造型的重要组成部分。

天正建筑提供了多种屋顶造型功能,如:人字坡顶(包括单坡屋顶和双坡屋顶)、任意坡顶(指任意多段线围合而成的四坡屋顶及攒尖屋顶)。用户也可以利用三维造型工具自建其他形式的屋顶。

屋顶平面图可在底层平面图的基础上绘制,打开"底层平面图.dwg",删除所有内墙,门窗柱子,室外构件,第一道、第二道尺寸标注等,保留必要轴线和外围墙体,另存为"屋顶平面图.dwg",如图 15-1 所示。

**图 15-1　画屋顶的图(删除多余元素)**

## 15.1　搜屋顶线

创建坡屋顶,首先要生成屋顶边界线,即屋顶平面的外轮廓线,可以使用天正提供的【搜屋顶线】来完成。在菜单上点击【房间屋顶】→【搜屋顶线】,或直接在命令行键入【SWDX】。然后根据命令提示行的提示操作如下:

请选择构成一完整建筑物的所有墙体(或门窗):　　　　　　　　(框选所有墙体及门窗)

请选择构成一完整建筑物的所有墙体(或门窗):　　　　　　(按<Enter>键结束选择)

偏移外皮距离<600>:1000　　　　　　　　　　　　　　　　　　　(出檐宽度 1000)

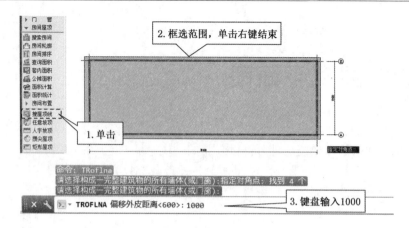

图 15-2　搜屋顶线

生成屋顶线,如图 15-3 所示。

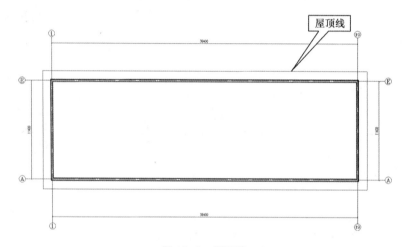

图 15-3　屋顶线

接下来,只需要保留屋顶线、四周轴线、轴号及标注,把外围墙体删除,如图 15-4 所示。

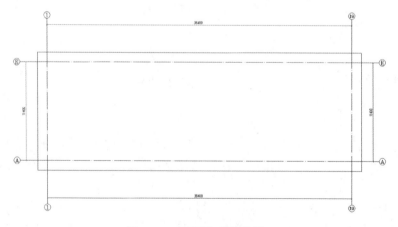

图 15-4　屋顶线(删除外墙)

## 15.2 绘制檐沟线

利用屋顶线可以偏移复制得到檐沟线,而且必须在生成坡屋顶之前完成。因为生成坡屋顶之后屋顶线就没有了,那时就不可能再用它复制出其他线条。

执行偏移命令由屋顶线分别向外偏移 60、200、120,生成檐沟线,结果如图 15-5 所示。

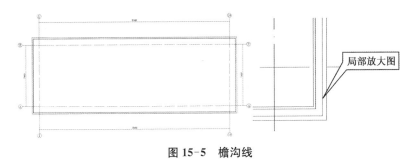

图 15-5　檐沟线

## 15.3 生成坡屋顶

这里,可以使用天正建筑的【任意坡顶】命令,它可以由相同的初始坡度生成多个坡屋面。之后,可以双击各坡屋面改为不同的坡度。执行菜单命令【房间屋顶】→【任意坡顶】或键盘输入【RYPD】。

执行该命令后按命令行提示操作如下:

选择一封闭的多段线＜退出＞:　　　　　　　　　　　　　　　　　（点取屋顶线）

请输入坡度角＜30＞:　　　　　　　　　　　　　　　（按 Enter 键采用默认值）

出檐长＜600＞:1000　　　　　　　　　　　　　（输入搜屋顶线时输入的偏移值）

完成操作后生成坡屋顶,如图 15-6 所示。

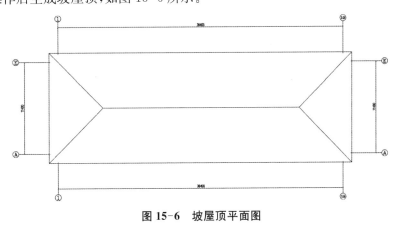

图 15-6　坡屋顶平面图

使用菜单命令【工具】→【局部可见】命令，或在命令行输入【JBKJ】选择只显示坡屋顶，然后切换到三维视图，切换操作及效果如图 15-7 所示。

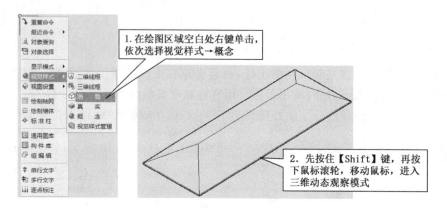

图 15-7　坡屋顶三维视图

## 15.4　建立檐沟模型

前面绘制的檐沟线，只是实现了檐沟在平面图中的表达，要想在三维效果及生成的立面图、剖面图中看到檐沟，还应该制作出它的三维模型，这可以使用【路径曲面】命令放样生成。

首先，用【多段线】命令在屋顶平面空白处绘制檐沟截面，其形状、尺寸如图 15-8 所示。图中 A 点作为放样时的基点。

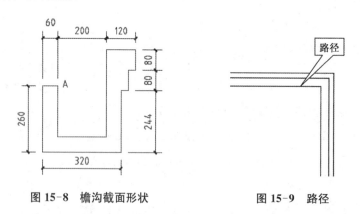

图 15-8　檐沟截面形状　　　　　图 15-9　路径

使用【工具】→【局部隐藏】命令或命令行键入【JBYC】隐藏坡屋顶。选用屋顶线偏移复制出的第一条封闭线为路径，如图 15-9 所示。使用【三维建模】→【造型对象】→【路径曲面】命令或键盘输入【LJQM】放样，操作过程如图 15-10 所示。

放样后生成檐沟模型，切换到三维模型，如图 15-11 所示。

执行【工具】→【恢复可见】，直接在命令行输入快捷命令【HFKJ】，让所有隐藏对象显现

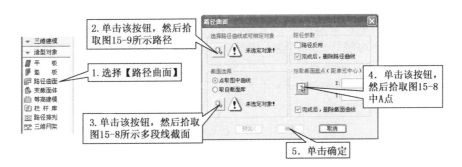

图 15-10 放样操作

出来。切换到正立面视图,选中坡屋顶,按"Ctrl+1"键或者单击主菜单栏上 ⚙ 按钮打开"特性"对话框,查询坡屋顶"标高"为-577,如图 15-12 所示。

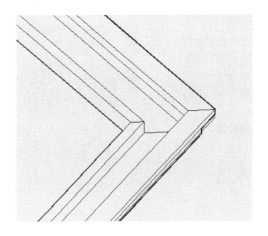

图 15-11 檐沟模型

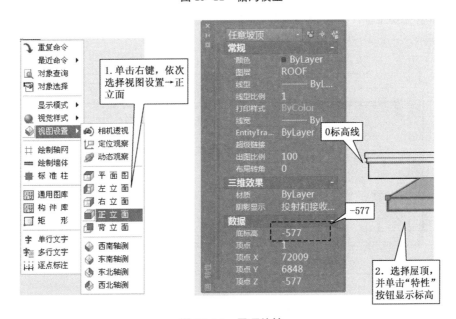

图 15-12 屋顶特性

图中有一条黑色的水平线,代表屋顶层 0 标高位置。其实,建筑各层都有一条这样的线。在本例中,檐沟的基点也处于此位置。为了让它与坡屋顶的－577 标高对齐,应用【工具】→【移位】命令将檐沟竖移－577,输入位移(0,0,－577),结果如图 15-13 所示。注意,一般不要调整坡屋顶的标高或位置。

切换到三维视图,效果如图 15-14 所示。

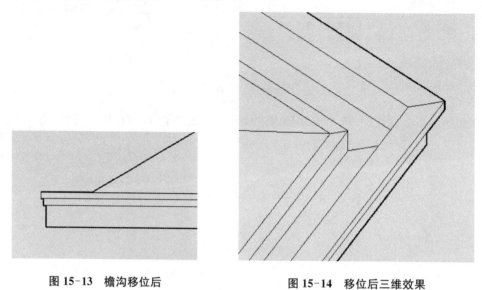

图 15-13　檐沟移位后　　　　　图 15-14　移位后三维效果

## 15.5　尺寸标注

尺寸标注主要是标注坡屋顶各部位与轴线的关系。执行【逐点标注】命令,标注结果如图 15-15 所示。

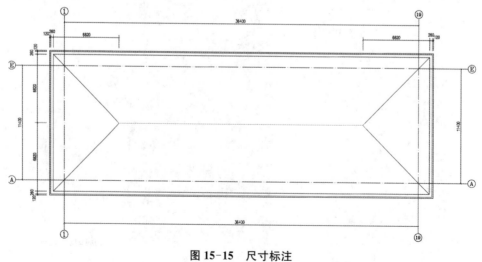

图 15-15　尺寸标注

## 15.6 符号标注

首先,标注屋面坡度。使用的命令是前面已经接触过的【符号标注】→【箭头引注】,如图 15-16 所示。

图 15-16 箭头引注

至于坡面的坡度,可双击坡屋顶打开对话框查询。坡度标注结果如图 15-17 所示。

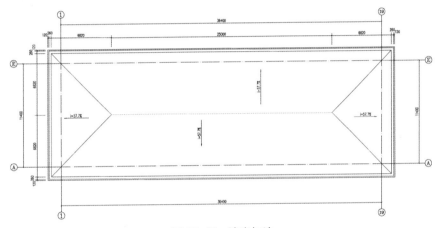

图 15-17 坡度标注

接下来,绘制雨水管、分坡线并标注檐沟坡向。用【圆】命令绘制小圆形,表示雨水管平面位置;用【直线】命令绘制檐沟分坡线;用【箭头引注】命令标注檐沟内水流方向,即檐沟坡向。结果如图 15-18 所示。

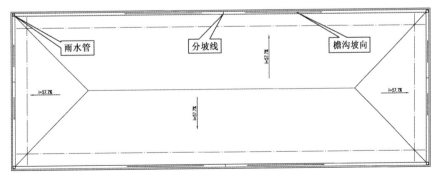

图 15-18 符号标注

使用【索引符号】命令,以剖切索引形式标注,完成后的屋顶平面图如图 15-19 所示。

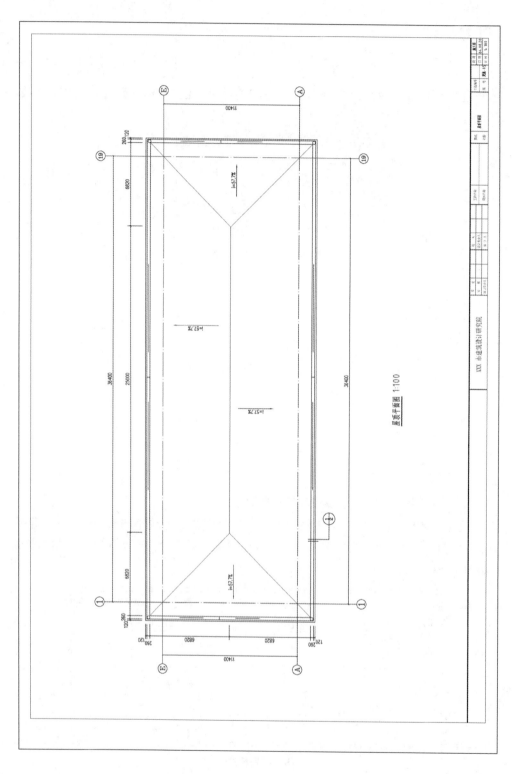

屋顶平面图 1:100

图15-19 屋顶平面图

# 16 绘制立面图和剖面图

建筑立面图也就是人们日常生活中所说的立面图,是平行于房屋建筑立面的投影,用于体现建筑物外观造型、风格特征的二维视图。立面图一般情况下根据房屋的朝向来命名,如西立面、北立面等。本章结合实例介绍建筑立面图的绘制思路、步骤和方法,主要操作包括建立楼层表、生成立面图、标注立面等。

## 16.1 生成立面图

### 16.1.1 新建工程

执行【文件布图】→【工程管理】命令,在【工程管理】下拉列表中执行【新建工程】命令,在【另存为】中设置工程文件的名称(商业住宅楼)和保存位置,单击【保存】即可,如图 16-1所示。

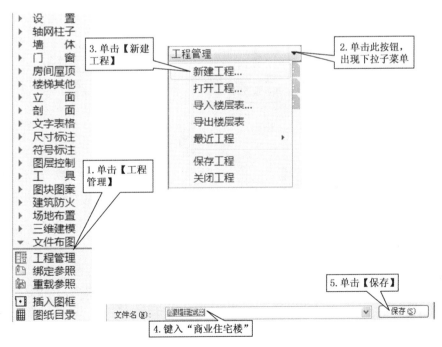

图 16-1 新建工程

### 16.1.2  添加图纸

工程创建好后,将已经绘制好的平面图全部添加到当前工程中。即在【工程管理】对话框的【平面图】类别上单击鼠标右键,在弹出的快捷菜单中执行【添加图纸】命令,然后在弹出的【选择图纸】对话框中选择已经绘制好的平面图文件,再单击【打开】,选择需要添加的图纸,点击【确定】。操作流程如图 16-2 所示。

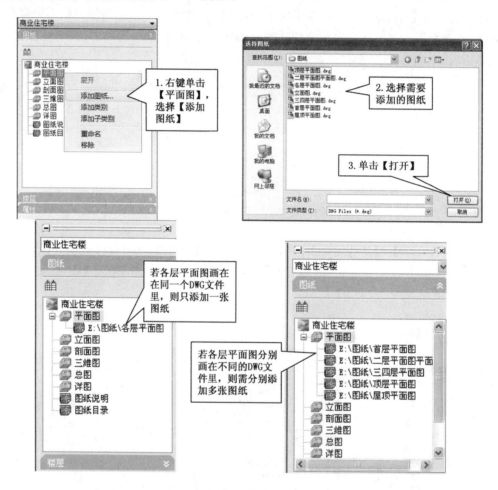

图 16-2  添加图纸

### 16.1.3  建立楼层表

在【工程管理】中展开【楼层】一栏,用户在表格中输入楼层号、楼层高,并指定楼层平面文件即可,如图 16-3。

说明:

(1) 如果各层平面图绘制在不同的 DWG 文件中,单击第三栏文件格,右侧出现一个小方块,点击添加平面图文件,或者点击表格上面【选择标准层文件】🖼 按钮选择文件。

（2）如果各层平面图放在同一个 DWG 文件中,则先打开该文件。在设置好楼层号和楼层高后单击【框选楼层范围】🖽 按钮。在绘图区域框选相对应的平面图,指定对齐点即可。

（3）一个平面图除了可以代表一个自然楼层外,还可以代表多个相同的楼层。例如本例:3~4 层平面相同,可以使用同一个平面图来表示,只需要在楼层表中"层号"处填 3~4,如图 16-3 所示。

（4）各楼层的对齐点一定要是三维空间里沿着同一 Z 轴方向上的点。

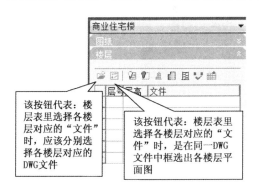

图 16-3  建楼层表

## 16.1.4  生成立面

楼层表建立好后,即可生成建筑立面图了。在【工程管理】对话框楼层栏中单击【建筑立面】🏢 按钮,或者执行菜单【立面】→【建筑立面】命令。根据命令行提示再选择立面方向,选择需显示在立面图中的轴线。最后设置立面生成参数和保存文件名,即可完成立面图的创建。操作流程如图 16-4 所示。

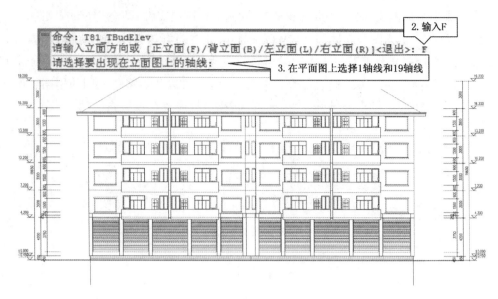

图 16-4　生成的正立面

## 16.2　细化立面图

立面图生成后,可能其中会存在一些错误,或是内容不够完整,这就需要对已经生成的立面图进行细化处理。

### 16.2.1　构件立面

该命令用于生成当前标准层、局部构件或三维图块对象在选定方向上的立面图与顶视图,生成的立面图内容取决于选定对象的三维图形。

要创建构件立面,在屏幕菜单中执行【立面】→【构件立面】命令后,选择创建立面图的构件(如楼梯、阳台等),然后在绘图区域指定一个点确定构件立面图的摆放位置。

### 16.2.2　立面门窗

天正建筑提供的【立面门窗】命令用于替换、添加立面图上门窗,同时也是剖面图的门窗图块管理工具。可处理带装饰门套的立面门窗,并提供与之配套的立面门窗库。执行【立面】→【立面门窗】命令后,在弹出的【天正图库管理系统】对话框中选择门窗立面样式。单击【替换】 按钮,再在立面图中选择需替换的门或窗体对象,即可完成立面门窗的创建。现在以替换已绘制立面图左侧 1 轴线附近二层的窗户为例,具体操作流程如图 16-5 所示。用户可以按照同样方法替换其他构件,如门、阳台等。

　　若用户需要对已创建好的门窗立面高度、宽度和标高进行修改，则应在天正建筑屏幕菜单中执行【立面】→【门窗参数】命令，再在绘图区中选择需要更改参数的门窗。最后根据命令窗口中的提示输入底标高、高度和宽度尺寸即可。

### 16.2.3　立面阳台

　　【立面阳台】命令用于替换、添加立面图上阳台的样式，同时也是对立面阳台图块的管理的工具。当用户在天正屏幕菜单中执行【立面】→【立面阳台】命令后，将弹出【天正图库管理系统】对话框。在该对话框中选择相应的阳台样式如图 16-6 所示后，单击【替换】 按钮。再在绘图区中选择阳台立面部分，此时即可完成立面阳台的创建，如图 16-7 所示。操作过程可以参考【立面门窗】。

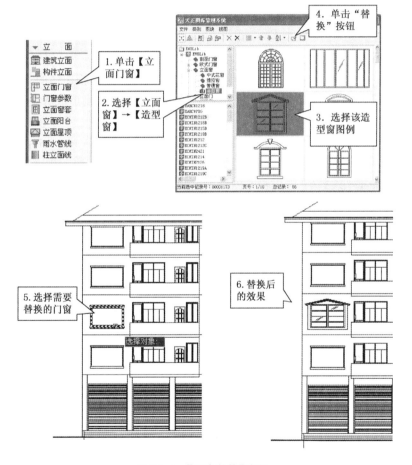

图 16-5　【门窗替换】流程

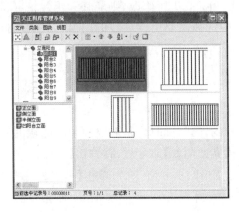

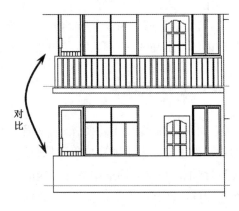

图 16-6　立面阳台选择　　　　　图 16-7　立面阳台替换后

### 16.2.4　立面屋顶

【立面屋顶】命令可完成包括平屋顶、单坡屋顶、双坡屋顶、四坡屋顶与歇山屋顶的正立面和侧立面、组合的屋顶立面、一侧与其他物体(墙体和另一屋面)相连接的不对称屋顶。如本例,若将前面图 16-3 中楼层表中层号为 6 的屋顶平面图删除,则形成的是如图 16-8 所示的无屋顶的立面图。

用户在天正屏幕菜单中执行【立面】→【立面屋顶】命令后,将弹出【立面屋顶】对话框(图 16-9)。在该对话框中选择坡顶类型后,设置好立面屋顶的参数。指定 P1 和 P2 点后,单击【确定】按钮,即可完成立面屋顶的创建。

图 16-8　无屋顶立面图生成示例

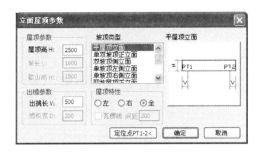

图 16-9  立面屋顶参数

### 16.2.5  雨水管线

【雨水管线】命令用于在立面图中按指定的位置生成竖直向下的雨水管。在天正屏幕菜单中执行【立面】→【雨水管线】命令后,再在立面图中分别由上到下指定管道起点和终点,再指定雨水管的粗细为 100 后,即可完成一个雨水管的创建。用镜像命令复制到另一侧,得到的立面图如图 16-10 所示。

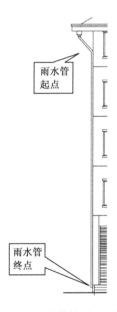

图 16-10  雨水管的绘制示例

综合使用上述介绍的相关命令,本例最后的正立面图如图 16-11 所示。

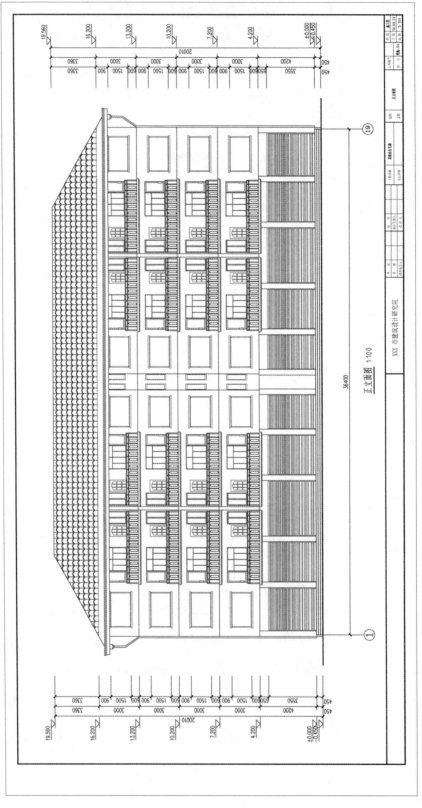

图 16-11　正立面图

## 16.3　生成与细化剖面图

各层平面图和立面图绘制完毕后,还需要绘制剖面图以表达建筑物的剖面设计细节。剖面图的表达和平面图有很大的区别。建筑剖面图表现的是建筑三维模型里的某个剖切面在剖视方向上的可见对象。

利用天正建筑软件生成的剖面图,是通过平面图构件中的三维信息在指定剖切位置消隐获得的纯粹二维图形。除了符号与尺寸标注对象以及可见的立面门窗、阳台等图块是天正自定义对象外,其余的如墙线等构成元素都是 AutoCAD 的基本对象。因此在利用天正建筑软件自动生成了剖面图后,需要用到大量 AutoCAD 命令来完善剖面图的细节。

### 16.3.1　生成剖面图

剖面图的剖切位置依赖于剖面符号,所以事先必须在首层平面图中适当的位置绘制剖切符号,一般剖切符号都绘制在楼梯处。

在生成剖面图时,可以设置标注的形式,如在图形的哪一侧标注剖面尺寸和标高;还可以设定首层平面的室内外高差;以及可以在楼层表中修改标准层的层高。

剖面生成使用的"内外高差"需要同首层平面图中定义的一致。用户应当适当修改首层外墙的 Z 向参数(即底标高和高度)或设置内外高差平台来实现创建室内外高差的目的。本例在绘制首层平面图时已考虑到室内外高差问题,这里不用进行调整。

在天正屏幕菜单中执行【剖面】→【建筑剖面】命令,或者在【工程管理】对话框里点击　按钮后,选择位于首层平面图上的"剖切线 1-1"。在弹出的【剖面生成设置】对话框中单击【生成剖面】按钮,并在弹出的【图形另存为】对话框中输入新建剖面图的文件名后,单击【保存】按钮即可完成剖面图的创建。绘图流程如图 16-12 所示。生成的剖面图如图 16-13 所示。

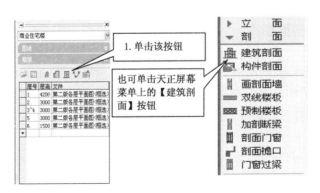

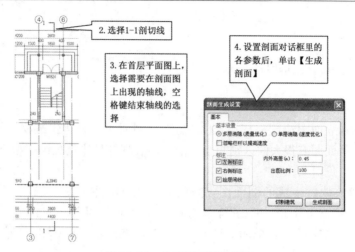

图 16-12　生成剖面图的流程

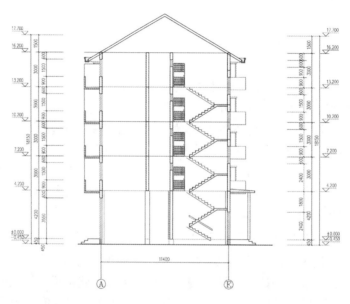

图 16-13　剖面图

## 16.3.2　加深剖面图

当生成建筑剖面图后，剖面图中有少数错误需要用户手工纠正，如楼板线的修剪等。另外，天正建筑自动生成的剖面图内容还不够完善，需要对剖面图进行进一步的深化处理，下面仅对本例涉及的操作进行讲解。

1）构建剖面

在建筑剖面图中，通常像楼梯这些构件的剖面图不能正常表现出来，此时用户可在平面图中的这些构件上先创建剖切符号，再在天正屏幕菜单中执行【剖面】→【构件剖面】命令，然后分别选择剖切线、构件后空格键结束选择，再在绘图区域单击确定剖面图的插入点，即可生成剖面图，如图 16-14、图 16-15 所示。

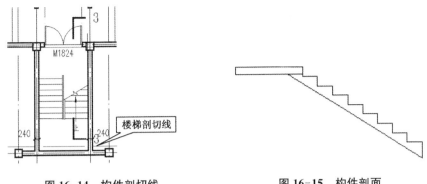

图 16-14 构件剖切线　　　　　　图 16-15 构件剖面

2）双线楼板

默认情况下,在生成的剖面图中各楼层之间只有一条水平线,这条水平线就是楼板示意线。但实际上楼板是有一定厚度的。此时用户可使用天正屏幕菜单中所提供的【剖面】→【双线楼板】命令绘制楼板线。在绘制楼板线时,首先应确定楼板在剖面图上的起点和终点,此时系统将自动查询到楼层高度。空格键后输入楼板的厚度(150),即可完成楼板线的创建。其操作如图 16-16 所示。

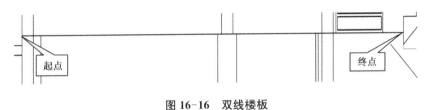

图 16-16 双线楼板

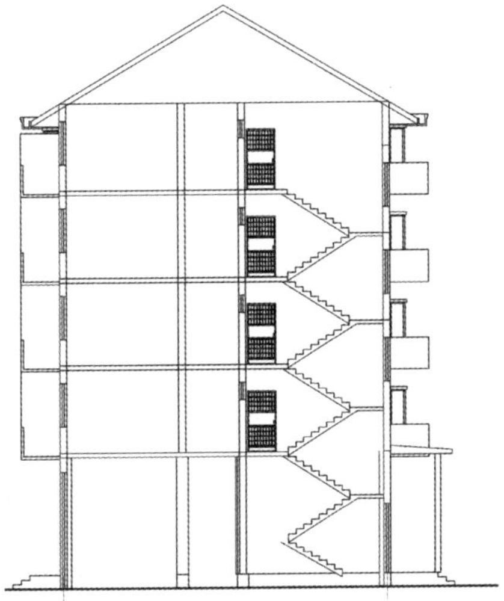

图 16-17 楼板双线 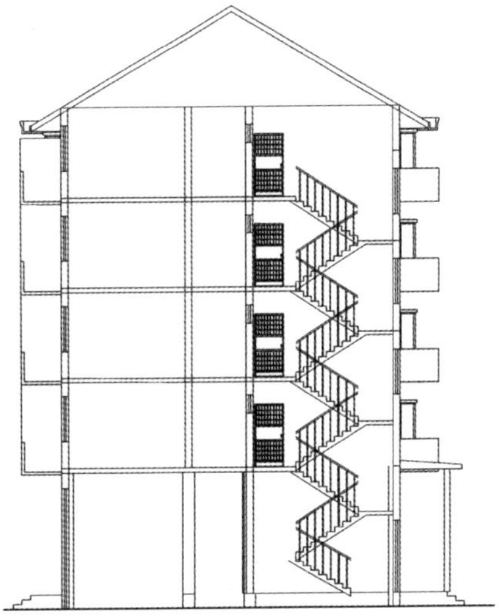　　　　　　　图 16-18 参数栏杆

3）参数栏杆

在创建参数栏杆时,可能其中的栏杆并不符合用户的要求,此时用户可在创建参数楼梯时不创建栏杆,之后在天正屏幕菜单中执行【剖面】→【参数栏杆】命令,在弹出的【剖面楼梯

栏杆参数】对话框中选择好栏杆参数后,再单击【确定】按钮确定栏杆的插入点即可。各参数设置如图 16-19 所示。

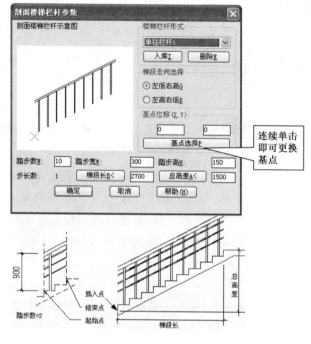

**图 16-19　剖面楼梯栏杆参数**

绘制好后的带栏杆剖面图如图 16-18 所示。

4) 扶手接头

通过以上绘制楼梯栏杆时可发现,双跑楼梯中的两个扶手并没有连接,如图 16-20 所示。此时用户可通过天正屏幕菜单【剖面】→【扶手接头】命令创建扶手接头。执行该命令后,按命令提示行操作如下:

请输入扶手伸出距离:　　　　　　　　　　　　　　　　　　　　（键盘输入 140 回车）

请选择是否增加栏杆[增加栏杆(Y)/不增加栏杆(N)]＜增加栏杆(Y)＞:(回车选默认值)

请指定两点来确定需要连接的一对扶手:　　　　　　（框选需要连接的一对扶手）
扶手连接后如图 16-21 所示。

### 16.3.3　修饰剖面图

当剖面线框图绘制完后,还不能完整地表示建筑信息,此时用户可以根据自己需要对线框图的部分区域进行填充或是对部分线条进行加粗处理。天正建筑中提供了相关的修饰命令,利用这些命令可对线框图形进行填充以及设置线宽等。

1) 剖面填充

天正建筑提供了【剖面填充】功能,该功能与 AutoCAD 的填充有所不同,在天正建筑中的【剖面填充】功能并不要求被填充区域完全封闭。

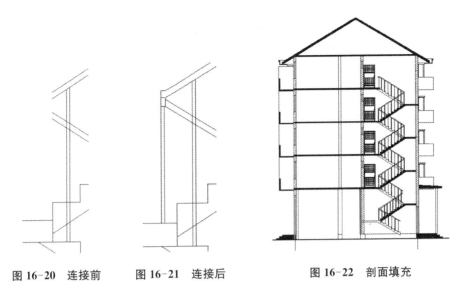

图 16-20　连接前　　图 16-21　连接后　　　　图 16-22　剖面填充

当用户在天正建筑屏幕菜单中执行【剖面】→【剖面填充】命令后,再在绘图区中选中需填充的范围,如图 16-23 虚线所示。鼠标右键单击,结束选择。此时将弹出【请点取所需的填充图案】对话框,如图 16-24 所示。在该对话框中单击【图案库】按钮,将重新弹出【选择填充图案】对话框。在该对话框中选择相应的材料填充图案并设置填充比例,最后单击【确定】按钮,即可完成剖面填充操作。填充结果如图 16-22 所示。

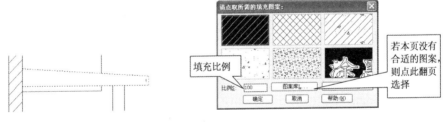

图 16-23　选择填充范围　　　　图 16-24　选择填充图案

2）居中加粗

天正建筑屏幕菜单【剖面】→【居中加粗】,选择绘图区中需要居中加粗显示的墙线,空格键结束选择,则被选择的线条将被加粗显示,如图 16-25(b)所示。

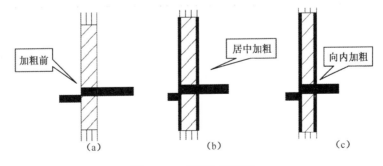

图 16-25　墙线加粗前后

3）向内加粗

天正建筑屏幕菜单中执行【剖面】→【向内加粗】，选择绘图区中需要向内加粗的墙线，然后空格键结束选择。此时被选择的墙线将沿墙体内部加粗显示，如图16-25(c)所示。本例选择居中加粗。

4）取消加粗

天正建筑屏幕菜单中执行【剖面】→【取消加粗】。选择已加粗的墙线，则该墙线取消加粗。

当然，天正建筑自动生成的剖面图，除了可以使用天正建筑软件本身自带的各种深化剖面图细节的命令外，还需要使用到本书第一篇所介绍的大量相关CAD命令来进一步深化建筑剖面图的细节，本书不再赘述。最后得到的1-1剖面图如图16-26所示。

## 复习思考题

### 一、填空题

1. 天正建筑中，改变轴线线型的命令是_____。

2. 可以同时标注上下开间或左右进深轴号的命令是_____。

3. 在墙上插入门窗时，可以采用_____或_____两种指定距离的方式插入门窗。

4. 利用天正建筑软件后期生成剖面图，必须先在首层平面图上标注剖切符号，其快捷命令是_____。

5. 天正建筑中要生成立面图或三维模型，最关键的一步是在各层平面图绘制完后，在【工程管理】中建立_____。

### 二、上机操作题

1. 综合运用CAD和天正建筑软件绘制如图16-27所示的某建筑二层平面图，要求：

(1) 细部尺寸不用标注，只需标注外部三道尺寸线。

(2) 层高3000 mm，柱子尺寸为350 mm×350 mm，注意要柱齐墙边。

(3) 楼梯为双跑楼梯，每跑10步，踏步宽270 mm，踏步高150 mm，休息平台宽1200 mm，井宽50 mm。

(4) 门有垛宽的地方，垛宽距离为200 mm，其余按图上尺寸确定。

(5) 普通窗窗台高900 mm；凸窗窗台高500 mm，凸出A600 mm，梯形宽B900。

(6) 阳台栏板宽度100 mm；栏板高度1000 mm；地面标高—100 mm；阳台板厚100 mm。

(7) 房间标注用5号字，图名标注用10号字。

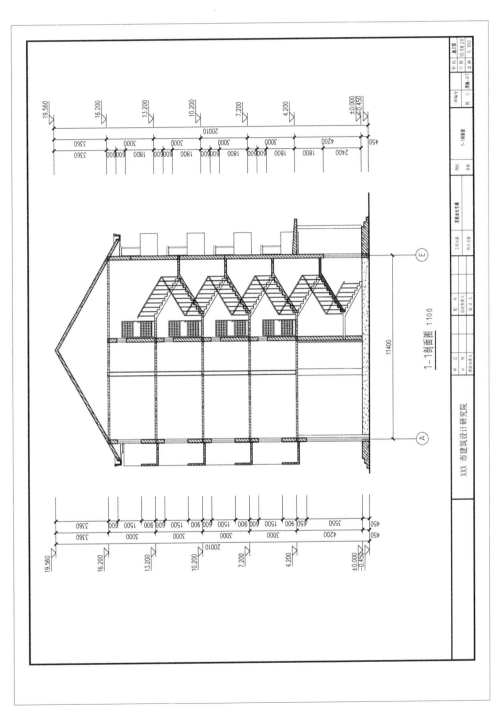

图16-26 1-1剖面图

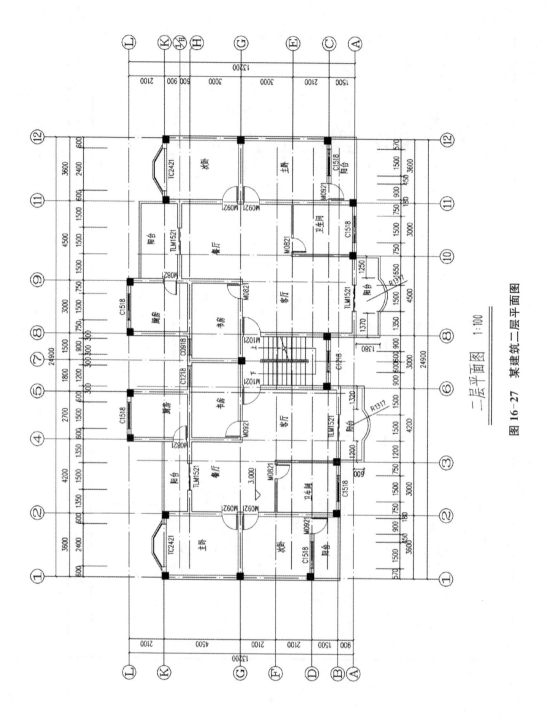

二层平面图　1:100

图 16-27　某建筑二层平面图

# 参考文献

[1] 李飞燕. AutoCAD＋TArch 建筑制图立体化教程. 北京:清华大学出版社,2017

[2] 游燕,胡勇. 中文版 AutoCAD2016 建筑设计从入门到精通. 天津:天津大学出版社,2016

[3] 尹媛. AutoCAD 2016 中文版完全自学一本通. 北京:电子工业出版社,2016

[4] 张英. 土木工程 CAD[M]. 2 版. 北京:中国电力出版社,2015

[5] 于习法,周佶. 画法几何与土木工程制图[M]. 3 版. 南京:东南大学出版社,2020

[6] 文杰书院. AutoCAD2016 中文版入门与应用[M]. 北京:清华大学出版社,2017

[7] CAD 辅助设计教育研究室. 中文版 AutoCAD 2016 从入门到精通[M]. 北京:人民邮电出版社,2017

[8] 李善锋,姜勇,刘冬梅等. 从零开始:AutoCAD 2016 中文版建筑制图基础教程[M]. 北京:人民邮电出版社,2018

[9] 曹汉鸣. AutoCAD 2016 绘图应用[M]. 南京:东南大学出版社,2017

[10] 孙明,张秀梅. AutoCAD 建筑图形设计与天正建筑 TArch 工程实践[M]. 北京:清华大学出版社,2017

[11] 李波. TArch2014 天正建筑设计从入门到精通[M]. 2 版. 北京:清华大学出版社,2016

[12] CAD/CAM/CAE 技术联盟. 天正建筑 T20 V4.0 建筑设计入门与提高[M]. 北京:清华大学出版社,2019

[13] 卢传贤. 土木工程制图[M]. 5 版. 北京:中国建筑工业出版社,2017

[14] 何培斌、吴立楷. 土木工程制图[M]. 2 版. 北京:中国建筑工业出版社,2018